# 「馬鹿者達《こいつら》と、最高の景色を見たいんだ。」

嘘偽りのない企業のリアル

野田 稔
Minoru Noda



GOMA BOOKS

# はじめに

私が笠原久芳社長と初めて会ったのは、2018年夏のことである。中小企業に向けた、ある勉強会の席上でお目にかかった。

初対面の印象は「ずいぶん色の黒い人だな」というものだった。とても爽やかで、(後でその印象は間違っていなかったと知るのだが) まるでサーファーのようだと思った。

皆さんは、〝サーファーのような社長〟と言うイメージから何を考えるだろうか。私は残念ながらちょっと軽い、いわゆるチャラい人という先入観を持ってしまった。この先入観は見事に裏切られる。

確かに笠原社長はサーファーだ。時間があればサーフィンに余念がない。だが同時になんとも緻密で論理的な努力家でもある。さらに、驚くほどの人間洞察を行う。一言で言うとちっともチャラくない。私のイメージでいうとサーファーらしくない。

その夏の勉強会で、私は最近の新卒採用に関して自論を展開した。いわく、今の学生は昔の基準でいえばソフトでナイーブ、それでいて功利主義でプライベートを大切にする。「滅私奉公」「出世命」とは考えていない。しかし、これこそが人間としての真っ当な姿で、これを受け入れてこそ、本当の意味で採用から始まる人的資源管理が可能になるといった、いわばＨＲＭ（ヒューマン・リソース・マネジメント）における人間復古、ルネサンス運動のようなものを提唱した。

これに、ど真ん中から賛同してくれたのが笠原社長だった。

正直なところ少々驚いた。第一印象の先入観もあり、うまいこと調子よく合わせているだけなのではないかと、勘ぐったのも事実だ。本文を読んでいただけるとわかるのだが、笠原社長は実にまっすぐに事業に向き合っている。社員にはもっとまっすぐに向き合っているのだということが、何回か言葉を交わすうちに伝わってきた。

勘ぐるなど失礼な話だ。俄然、興味が湧いてきた。サンケイエンジニアリングという会社は本当のところどんな会社なんだろう？　笠原社長の言っていることはどこまで事実なんだろうか？　度々口にする、「とてつもない社員」なんて、本当にいるんだろうか？

話をすればするほど、好奇心が刺激された。
そもそも、コンタクトプローブと言われても、意味がわからない。そんな細くて小さなものを自動化ラインで製造などできるものなのだろうか。もし本当だとしたら、これはかなり変わった会社だ、そう思った。

そんなことを考えていたある日、サンケイエンジニアリングの本当の姿を文字に表したいという話が持ち上がった。あくまでもその会社のリアルを表現するという企画だ。

サンケイエンジニアリングは特徴的な会社だ。少し話を聞いただけではよくわからない。たとえばサンケイエンジニアリングは、部品製造の分野でコスト的にも世界で戦っていけると自信満々だ。加工界のアマゾンを目指すという。なぜこんなことが可能なのだろうか？よくよく話を聞いてみれば納得できる。しかし、それはよく話を聞いた上でのことだ。一事が万事、一見理にかなわないが、よく聞くと納得できる話がたくさんある。
そうした会社の嘘偽りのないリアルを描くことなど、本当にできるのだろうか？

私は好奇心の赴くままに、取り敢えず話を聞いてみることにした。

この本は、こんな経緯から産まれた。本の構成も普通ではない。通常、企業のリアルを描くとき、その会社の歴史をたどることから始まるものだ。だが、この会社は未来から創られているとしか思えなかった。未来のありたい姿を実現するために、今がある。未来を確認しないと今のリアルが描けない。

だから、この本では同社の未来を描くことから始めることにした。

一番のリアリティである未来をまず描き、そこで働く人々が自らの未来をどう捉えているのか、そもそも、どんな人たちがそこにはいるのかに話を進め、最後に現在の話を書く。今、社員たちはどんな仕事をしているのか。そんなふうに、サンケイエンジニアリングのリアルを、私がリアリティを感じ、強くインスパイアされた順に描いてみた。最後に、このリアリティが生み出されてきた経緯を、「読んで面白い社史」を志向して描いてみた。

この社史を読むと、最初に描いた「未来のリアリティ」がさらに現実感を持って理解することができると思う。

私の筆の力では、サンケイエンジニアリングのリアルは十分に描き切れなかったかもしれないが、結構いい線いったのではないかと自負している。類い稀な会社、サンケイエンジニアリングのリアルを体験してみてほしい。

令和元年11月吉日

野田　稔

目次

## 第4章 Realistic Job-Preview ～サンケイエンジニアリングで働くということ

# 第１章

# Realistic Future-Preview

## ～サンケイエンジニアリングの描く未来

## グローバルで勝てる会社が視野に入る

サンケイエンジニアリングは、社の理念に「社会の可能性の共有と実現」を掲げる。現在の同社の基幹事業であるコンタクトプローブの開発・製造・販売は、これから同社が広げていこうとする枝葉（後掲図表1参照）を支える重要な幹である。社会のさまざまな場所で活躍することのできる技術に裏打ちされた「問題解決プロデューサー」を数多く育てるためのトレーニングの場であると、同社の笠原社長は位置づける。

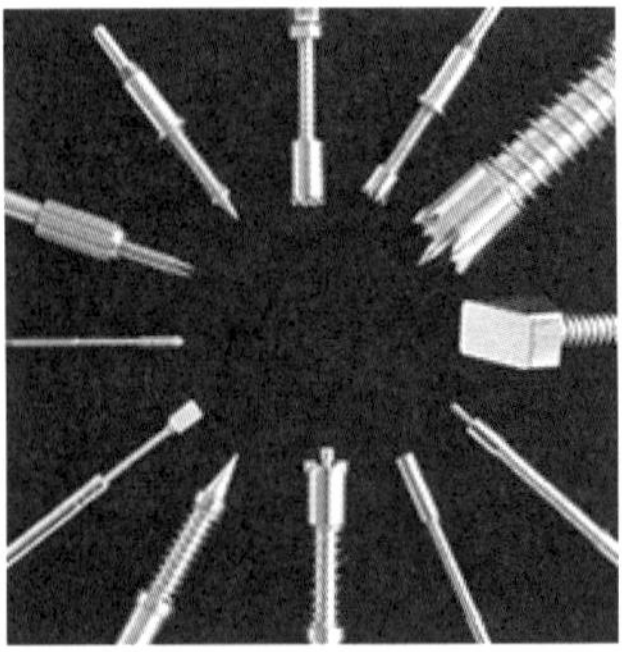

コンタクトプローブと聞いてすぐにわかる人は少ないだろう。同社の今のリア

ルは第４章で詳説するが、最初に少し説明しておこう。

コンタクトプローブは電気製品・電子部品を製造する際に行う、電気測定に使用される精密部品で、電極などに接触させると導通する（電気を通す）ピン状の探針（プローブ）をいう。

たとえばプリント基板や半導体、有機ＥＬなど、多くの導通検査が必要なものに使われる。スマートフォンやパソコン、テレビ、ハイブリッドカー、電気自動車、太陽電池など、大きなものでは新幹線や飛行機などさまざまなものづくりの工程に必要不可欠なものだ。

コンタクトプローブは４種類の部品で構成される。スプリング、ピン、ストローク部品であるブッシュとストッパーリングと呼ばれるものだ。使われる製品や方法によって、サイズはもちろん、スプリング圧や可動部の形状、ストロークなどを微妙に調整する必要がある。

サンケイエンジニアリングでは、全体の90％を内製化している。

現在の同社は、こうしたコンタクトプローブを中心に、電気測定のための治具、ユニット・装置などを開発設計製造販売する会社だ。要素解析の受託測定も行っている。また製造に必要な工具も自前で開発している。

驚いたことに、国内はじめ世界中のメーカー3000社以上との取引がある。治具とは、英語のJIGの当て字だそうだ。工作物を固定する道具をいう。もちろんただ固定すればいいというものではない。たとえば、「できる限り実際の使用条件に近い状況での測定をしたい」というニーズがある。本来の使用状況では温度が上がるが、試験測定ではこれまで温度を上げることが難しかった。そのため、本来の使用状況での測定ができなかったという相談だ。一つの治具で、通常温度と温度が上昇した後の状況でも測定が行いたいというわけである。そこで、それが可能な治具を作る。「ワークヒートアップ治具」と名付けられた。工作物など対象物の下に熱源を確保することで、安全に温度を上げる(ヒートアップする)ことができる。その結果、使用条件に近い180度に温められている状態での抵抗測定を実現。もちろん、通常の温度での測定も可能だ。

ワークヒートアップ治具

あるいはユニット・装置の開発とは、たとえば、「社内で作ったさまざまな試作品を電気的に測定しなければならない。しかし、試作品ゆえにさまざまな形態・特性があり、それぞれに合わせて測定準備をするのは手間がかかる。製品が変わる（形状・寸法・材質）度に装置の設定を変更しないで済むようにしたい」という課題に応え、プログラムのみの変更で簡単に測定ができるような手動ジグを開発する。これにより、治具や配線などを変える必要はなくなり、ワンタッチでさまざまな製品を測定することができ、大幅な時間と手間の短縮を実現した。

同社の歴史で後に触れるが、創業者である笠原社長の父親（恒夫氏）はファブレス・メーカーにこだわったが、笠原社長はこれまでファブレスには否定的だった。なぜならファブレスは外部依存の体制であるからだ。同社はかつて外部の加工メーカーに頼っていた時期、どうしても顧客要求を満足させられなかった。このことを笠原社長は骨身に染みて知っている。

「ファブレスを標榜するアップルにしても、開発センターがしっかりしている。ものづくりにおいて、すべてを外部に任せるのはナンセンスだと思います」（笠原社長）と言う。

もちろんサンケイエンジニアリングも外注先に頼るところはある。頼れる外注先は宝物だ。今後はさらなる展開を見据え、その考えを広げていこうとしている。これからのキーワードはずばり「ファブレス」だと言う。

「コアの部分は自分たちで握っている必要はあります。だから、現在わが社の根幹である技術センターも技術営業部も、その重要性はますます高まります。ただ、私たちよりも優秀なプロフェッショナルを外に求める必要性も今以上に多くなると思います。外部と内部をハイブリッドしたポリゴンストラクチャーの構築が急がれます。そうしなければ、品質を保ちつつ、世界に通用する効率を追求することができません」

この考えは、彼らが描いている未来絵図の根幹とも言える。世界で戦うには〝経済の原則〟を外しては勝てない。すなわちコストパフォーマンスの追求だ。同時に自社内外の知識経験など勝つためのあらゆる要素をプロデュースする力も必要だ。

「半導体の分野にも参入し始めましたが、メインとなる客先は台湾をはじめとする海外の企業です。そこで重視されるのが価格です。一定以上の品質を確保することは大前提です。

その上での価格競争力なのです。価格を下げるためにはコストを下げなければいけません。コストの大半は加工費です。ここで優位性を持たなくては勝負になりません。でもこのことは言い換えれば、品質と価格の優位さえ達成することができれば、他の追随を心配する必要もなくなるわけです」

気持ちいいほどに強気だ。しかも、喧伝されているように、「日本はアジア各国とコスト勝負ができない」とは笠原社長は微塵も考えていない。

現在、同社で半導体用コンタクトプローブは、自社で部品をすべて調達して、外部に委託して検査・組立を行っている。ただし、外部委託先で使用している製造装置はすべて自社でプロデュースし作り上げたものだ。

開発などコアな部分はすべて自社で行う。そこで生まれた技術を外部にうまく移転しながら裾野を広げていく。そんなイメージだ。

言ってみれば、ファブレスとは言っても、自社内の工程の中に、うまく外部のリソースを組み入れて回している。ヴァーチャル自社工場のようなものだ。サンケイエンジニアリングがハブになり、すべてを回していく。協力会社でできることは任せ、できないことは自社内で行う。開発だけでなく、すべての工程におけるコアに自社を置く。

「外部で使えるものをうまく使いながら組み合わせていけば、海外でも十分にビジネスになると見えてきているのです。実際に現在、ある海外の会社向けに製造しているコンタクトプローブは、素材が特別で、加工方法も特別、メッキも特別。開発はすべて自社で行い、製造に関して3社ほどでチームを組んで行ってもらっています。これで勝負ができているのです」


笠原社長は、実際に中国やインドを視察した。最初に衝撃を受けた事実は、「自社の原価が売値」という事実だった。普通ならば、ここで恐れ入る。「これは無理だ」と考える経営者がほとんどではないだろうか。しかし、笠原社長は違った。

彼はどう考えたか。

「なんだ。そこまで原価を下げられれば、間違いなくマーケットインできるな」

無茶な話に聞こえる。

「問題は固定費と人件費です。実は、日本の素材は決して高くないのです。むしろ安いほうかもしれない。だから最大の問題は工賃なのです。ファブレスという話をしましたが、現状、協力会社以外から購入する値段はまだ高いと思っています。なぜかと言えば、会社を維持するために弾き出された値段だからです。つまり、決して人件費だけの問題ではなく、土地や建物、設備まで含めた会社の維持費が高すぎるのです。それを積算してしまえば、当然、製品の値段も高くなってしまいます。そうした考え方を一新する必要があるわけです」

つまり間接経費をいかに安くするかということだ。

たとえば、現在同社が半導体業界向けに納品しているコンタクトプローブの中には、０・０２５㎜から０・05㎜ほどの微細な電気接点からできているものがある。このコンタクトプローブの原価を同社は３年をかけて半減させ、海外でも十分にビジネスが成り立つ金額にした。

ただ残念ながら、この記事を書いている現時点では、十分な量産体制が構築できていない。そのための設備投資をすれば、十分に世界に打って出られる。ここまでの目算は立っている。

「たとえば今商談している企業に納品するとしたら、百万本単位が必要になります。残念ながら現状ではそこまでは供給できない。そこで、そのための生産設備の開発に今、着手しているところです」

日本に蓄積されたさまざまな技術を有効に組み合わせれば、海外でも十分にビジネスは成立するはずというわけだ。

目線が違う。考え方の角度が違う。だから不可能を可能にする道筋が見える。笠原社長にとっては、「海外で勝負すること自体は何ら難しいことではない」ということになる。

## “加工界のアマゾン”を目指す

「今、弊社にはNC旋盤が50台あります。稼働しているのは46台ですが、それを動かしている人員はごくわずかです。その体制でコンタクトプローブも種類によっては日産で3000本は作れます。無人で土日も稼働させられますので、1種類に限れば月産で9万個×50台で450万本生産できる計算です。そこに対する人件費は微々たるものです。そこを考えれば、私たちはもちろん、日本の金属加工、部品加工分野の会社はどこでも、十分に海外で勝負ができるはずです」と言い切る。

同社には半導体用プローブで月産10万本から30万本を実際に作っているケースもある。そういったケースは完全自動組立、完全自動検査で回っているという。当然、コストはそれだけ下げられる。

「品質も、半導体向けに関してはここ何年もの間、不良品は1本も出ていません。そういう作り方ができるのですから、まだまだ日本の中小企業も勝負できるはずなのです」

同社はカンボジアに関連会社を設立している。

「日本でそうした自動化された大量生産体制を確立して、それをカンボジアの工場に移植し、現地生産ができるようになれば、ＡＳＥＡＮ全域、かつインド・中国を含む人口30億人以上の市場で、競争優位を保って勝負できます」

もちろん、海外で勝負ができるようになることだけが目的ではない。

「10年後、20年後、日本の人口は大きく減っていきます。市場も小さくなります。そうした未来に手を打っておきたいのです。そうした会社とそうしない会社では将来、必ず大きな差が出ます。最悪の事態を想定して、今から日本の市場が小さくなっても生きていける。労働人口が急激に減っても生産効率を維持できるというように、どのように環境が変化しても対応することを考えない経営者は後で大変苦労すると思います」

なぜ多くの消費者はアマゾンを使うのか。楽天やYahoo!よりも、アマゾンを使うのか。

アマゾンには常に在庫がある、在庫のあるところが瞬時に選ばれて、ポップアップされる。要するに「アマゾンに頼めばなんとかなる」という評価が定着しているのだ。

「その位置づけになりたいのです。海外のお客さんから、サンケイエンジニアリングに頼めば何とかなるという評判を作りたい。その評判、信頼に見合うだけの生産体制を組む。つまりサンケイエンジニアリングがハブとなる、アウトソーシングを活用したネットワーク化ですね。それが、私がいうファブレスの姿です」

冒頭で「問題解決プロデューサー」という言葉を使った。プロデューサーとは、すべてに目配せができるプロとして現場を仕切れる人材だ。さらにビジネス全体をデザインできる人材をいう。ビジネスは常に、顧客が抱える何らかの問題を解決する方法や道具を提供できるときに生まれる。まさに、問題解決できるビジネスをプロデュースするプロフェッショナルこそが、サンケイエンジニアリングが目指すものだ。そうしたプロデューサーこそが、これからの日本には必要であろう。マーケットが縮小し、人口も減る日本において、アジアを股にかける、あるいはさらにグローバルなプロデュース力ほど望まれるものはない。

# 山梨の4000坪に描く、日本企業の未来

「加工の世界でも無人工場は決して夢ではない」と笠原社長は言う。

「町工場とか職人という部分は、もちろん、基礎としてとても重要なことに間違いはないのですが、そのイメージから早く脱却しなければいけないと思いますね。そうすれば、日本のものづくりは世界中の中核を担えると思っています」

笠原社長は、カンボジアに自社工場用地として約3000坪の土地を購入した。その後、今度は山梨県に約4000坪の土地を購入する。この土地を笠原社長はどう活用しようとしているのだろうか。その計画に、同社の究極の未来像がある。

「カンボジアに所有する用地よりも、実は山梨県の土地のほうが安いのですよ。辺鄙なところかと言うと、とんでもない。高速の最寄りのインターから車で約10分です。この土地を知ったときに、カンボジアで土地を購入したとき以上に海外で戦えると思ったのです。

後はそれこそ人件費だけの問題になる。現在、日本の人件費はベトナムの約4倍。だとすれば、自動化を推進して生産性を高めれば、賃金カットなどする必要はなく、むしろ賃金を上げても十分に勝負できるところまでコストを下げられると思っています」

つまり、ＡＳＥＡＮを中心としたアジア地域で勝負する開発拠点として、山梨工場を位置づける。それだけではない。

４０００坪のうち、工場用地はせいぜい１０００坪だと言う。

「現状は床面積４００坪で十分な広さなんです。ただ、そこから最先端の技術を集約した建屋を追加して建設していく計画ですから、当面１０００坪と考えています」

では、あとの３０００坪は何に使うのか。

まずはインキュベーションセンター。本業とは何ら関係がなくていい。たとえばアーティスト村を作る。研究者でもいい。新しく何かをやりたいのだけど、食べるあてがない若き才能を集める。１日のうち半日、サンケイエンジニアリングで働いてもらう。残りの半日は自分のための時間に使う。そんな場所を作りたいと思っている。

さらに、

「裏に川が流れています。素晴らしい林もある」と笑う。

そうした自然環境も大事にしながら、住居区画も作る。移動にも便利な場所ではあるが、基本的にはそこに住みながら働く、そんな職住接近の場所を考えている。農地も作る。たとえばパン屋があってもいい。もっといろいろな店も大歓迎だ。

そうなれば、そこは単なる住居区画ではなく、町になる。

4000坪では足りない。倍以上ほしいと言う。それでも今ある横浜の技術センターの隣地180坪の半額で買える。何も東京近郊にこだわる必要はなくなる。

「南アルプスの近くです。清里や八ヶ岳もすぐそこです。そういう場所が好きな人には天国だと思いますね。急ぐ気はありません。小さく始めて着実に進めていこうと思っています。もちろん、横浜を引き払ってすべて山梨に移転するという話でもありません」

働き方は多元的に考えている。働き方も、働く場所をも、自ら選べるようになるというわけだ。

## プロデュース力が活きる１１９番構想

同社ではよく「１１９番構想」という言葉をよく耳にする。

「本当は１１９番という言葉が適切かどうかわからない」と笠原社長は言うが、その心意気はその言葉から伝わってくる。

まず掲げられているのが「電気測定の１１９番」だ。

サンケイエンジニアリングに頼めば、電気測定に関する問題解決を何もかもまとめて引き受けてくれる。そうした位置づけだ。電気測定のワンストップショッピングだ。

「海外に行ってさまざまなお客さんとビジネスをしていてわかったのですが、大企業がなぜうちのような会社に発注をしてくれるのか。専門性が高くなればなるほど、その人からプロデュース力がなくなっていく傾向がある。よく言えばスペシャリスト、言葉を選ばなければ専門バカですね。ここの知識はあるけど、関連する部分でも他はよくわからない。

それでは何かと何かを結びつけて問題を解決する、夢を実現する、そうしたプロデュースなどできない。しかし、今後はそうした力が一番必要になってくる。プロフェッショナルの多くは、周辺の技術や可能性を知ろうとしなさすぎです。そのために、目の前に転がっていたチャンスを取り逃がしてしまう。そこをサポートする。個と個、組織と組織を結び付ける。お互いが持っているパワーを生かす。そうしたビジネスのありようが、今後の私たちの仕事だと思っています」

たとえばクライアントと打ち合わせをして、その真のニーズ、言葉にならない隠されたニーズをつかみ、必要なものを想像し、そのために最も適切な装置メーカーを選択して、調整する。

「たとえば、日本のある会社に設計をしてもらう。その設計図を持ってベトナムの会社に製造をしてもらう。クライアントは日本企業で、納品先はカンボジアという案件がいい例でしょうか。装置そのものは装置メーカーさんが得意なわけですが、そこに検査工程も必要で、コンタクトプローブも重要な要素となれば、それこそ私たちの独壇場であるわけです。今はそうした案件から入り始めていますが、だんだんと、コンタクトプローブありきである必要はなくなるはずです」

このプロセスで、設計もものづくりも、サンケイエンジニアリングはしない。しかし、クライアントの問題を見事に解決する。

まさに「問題解決のプロデューサー」だ。こうしたプロデューサーには当然、コンサルティング能力も必要になる。

プロデューサーとしての働き方は多様だ。必ずしも組織に縛られる必要はなくなる。もちろん組織に残ってもいいが、片足だけ残っても、独立して連携してもいいのだ。

「日本の製造業の大きな問題点の一つは、多くの人が専門バカになっているところなのです。自分がこれまで積み上げてきた専門性から逸脱したがらない。自分本位の開発になってしまっている。新しい課題に取り組まず、皆、優秀な専門バカなのに、いい意味でのバカ者にはなりたがらない。だから、しっかりとお客さんのニーズに向き合えない。柔軟性に欠けてしまう。だから、新しいものを生み出せない。その気にならない。大問題だと思います。うちは、そうした限界を突破できる人材を育て、多く輩出していきたいのです」

こうした笠原社長の問題意識と期待をベースに、経営企画室の前沢室長が中心となって、サンケイエンジニアリングの未来絵図を今、描いているという。それが（図表1）だ。幹の土台、あるいは根っことなるのが「コンタクトプローブの119番」だ。つまりはコンタクトプローブを主体として、関連する治具や装置、ユニットを生み出す基幹事業によって、サンケイエンジニアリングを支える人材が育ち、ノウハウが生まれて、技術を進化させ続ける。

その先にあるのが、向かって右側に今伸びつつある「電気測定の119番（プロフェッショナルズ）」だ。その目的は、「お客様が安心・安全な製品を創れて、それにより安心・安全な社会が育まれる」というものだそうだ。

ここまでの段階で、同社は安定した利益をあげている。その利益を使って、未来絵図を作り上げようとしている。

そう、ここから先が未来絵図である。向かって左の太い枝。まずは「ものづくりの、プロデューサーズ」。笠原社長の言うプロデュース力を持った人材の輩出である。

コンタクトプローブから離れ、他社製品の製造工程のコンサルティング、生産体制のプロデュースを請け負う。

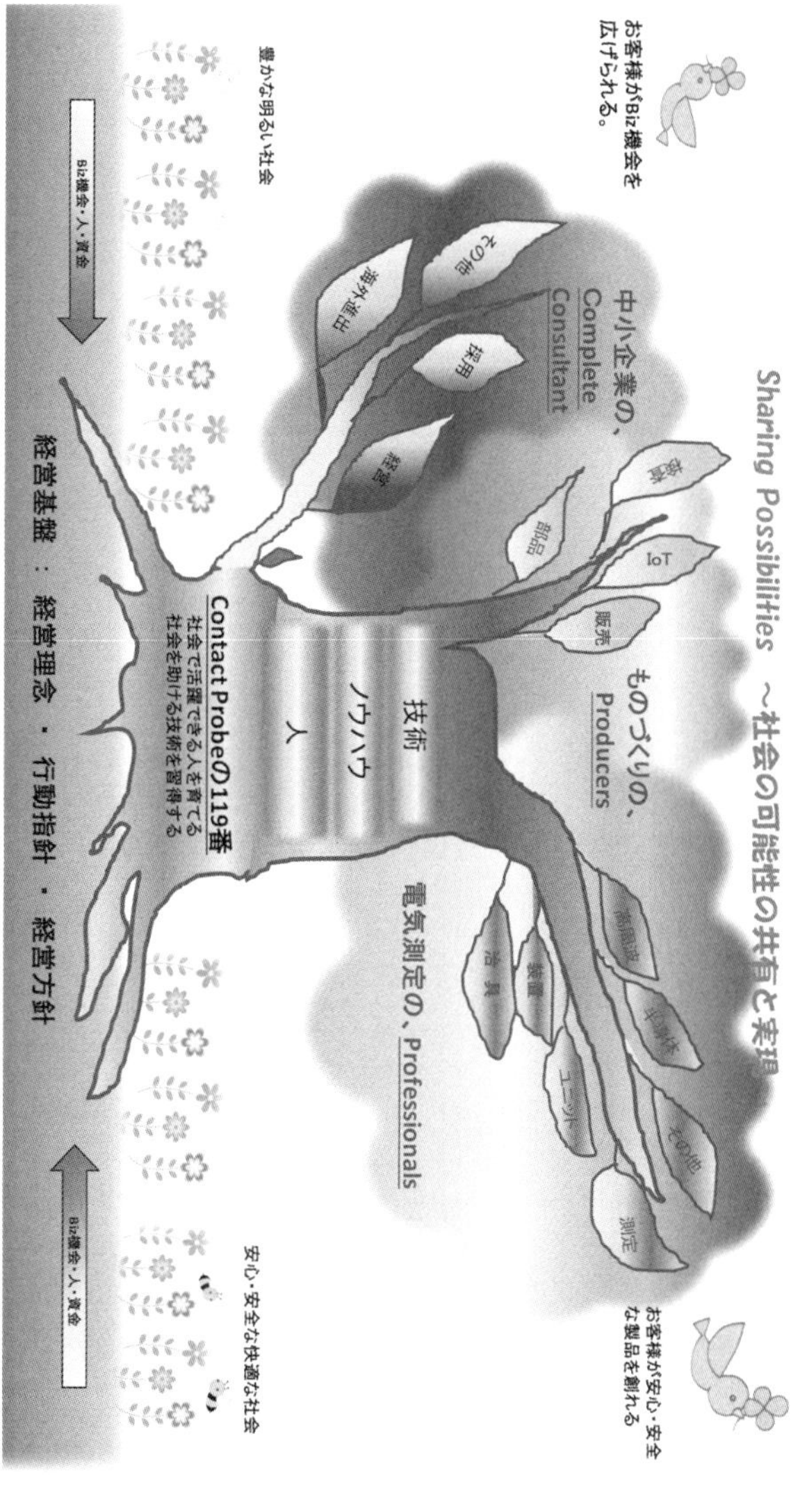
Sharing Possibilities ～社会の可能性の共有と実現
お客様がBiz機会を広げられる。
お客様が安心・安全な製品を創れる
中小企業の、Complete Consultant
その他
海外進出
採用
経営
商品
部品
IoT
販売
ものづくりの、Producers
電気測定の、Professionals
高周波
半導体
装置
治具
ユニット
その他
測定
技術
ノウハウ
人
Contact Probeの119番
社会で活躍できる人を育てる
社会を助ける技術を習得する
豊かな明るい社会
安心・安全な快適な社会
Biz機会・人・資金
Biz機会・人・資金
経営基盤 ： 経営理念 ・ 行動指針 ・ 経営方針

（図表１）

「こうしたほうがもっと効率的になり、コストを下げられる。こうしたほうがもっと精度のいいものができる。そうしたプロデュースを行っていきたいのです。専門性から言ったら門外漢であっても、理解できる能力があれば、ものづくりの根底は同じだと考えています。実際、今見ていても、そこをできずに苦しんでいる会社は少なくありません」（前沢氏）

そして、そうしたコンサルタントには必然的に、技術に対する知見やノウハウだけではなく、たとえば採用や海外進出、経理、管理、マーケティング、最終的には経営力までが必要になってくる。だから最終的には、そうした多元的な能力を持った「中小企業の、コンプリート・コンサルタント」を目指すことになると彼らは考えている。

まさに、イタリアでいうところの「プロジェティスタ」の完成形であろう。

今、同社が最も求めている人材は、こうした未来絵図を一緒に描ける若者たちだ。

そんな人材を求めて、「バカ者採用」と名付け、2019年に意匠登録までした採用を実施している。文理・学部学科・男女・国籍・LGBT問わずはもちろん、納得がいくための会社訪問は全くの自由見学、社員の仕事ぶりを間近で見て、話をするのもいい。社長室に入り、社長ととことん話すのもいいという徹底ぶりだ。その上で、納得がいけば採用試験を受ければいい。その採用試験は、文理を問わず、独自に開発した2種類の技術試験。ちなみに、その試験で確認するのは結果ではなく、各自の行動パターンだという。そのパターンから、実際に仕事をし始めたときにどういうことで失敗するかを見る。1時間で1問を解く筆記試験では、粘り強さを見るという。

そして合格すると内定を出すわけだが、内定者を確実に確保するためにさまざまな画策をする会社も多いが、サンケイエンジニアリングではむしろ積極的に他社の内定取りを推奨している。1社で決めてしまうと腹のくくりが悪いからだと言う。仕事を始めて壁にぶつかったとき、「これは本当はやりたかったことじゃない」と逃げる人が多い。そんな逃げ道をなくすために、最低3社の内定を取って、そこから比較してサンケイエンジニアングを選んでほしいと説明する。ちなみにこの結果、自社を選んでくれる確率は五分五分だそうだ。おもしろいのは、その結果、たとえ他社を選んでも、その学生にはその会社で働く強い決意が生まれる。入社後「あの時のおかげで頑張れています」という連絡があることも少なくないそうだ。

そうして集まった人材と一緒に、未来絵図を完成させる。そのための一里塚を今、築き始めている。

「まだ、リアルを描くことはできませんが、試験的に動き始めていることとして、たとえば学生のインターンシップで、大学のドクターたちと中小企業の開発部門を繋ぎ、画期的な新製品を創るというプロジェクトを始動しています。次に確実にできるとわかっているのは、お客様が必要としている装置を一新するお手伝いをする。コストダウンが図れて、生産効率もアップさせるというビジネスです」（前沢氏）

画期的な装置が完成すれば、それを扱う人間を教育する必要も出てくる。さらには生産現場の改善活動、あるいは現場のＩＴ化やＩｏＴ化の推進。製造業を中心に、中小企業すべてをターゲットにしたいと彼らは考えている。

サンケイエンジニアリングの未来は、コンタクトプローブ屋を超えることに決めている。その姿は、中小企業のコンプリート・コンサルタントになることだ。

現段階でも顧客ニーズに応えるため、社内外問わずさまざまな機能・人材・企業を組み合わせて問題解決に当たっている。まさにプロデューサー機能だ。このプロデューシングの力を最大限拡張した先に、中小企業の駆け込み寺的コンサルタントとしての姿が見えるはずだ。

モノを作るだけの会社ではない。問題を解決し、顧客とともに夢を実現する会社になるのだ。

# 第2章

# Realistic Career-Preview

## ～サンケイエンジニアリングで描くキャリア

## 名刺の肩書に意味がない会社

同社を取材していて、笠原社長だけでなく、何人もの社員に会った。名刺交換もした。しかし、この名刺があまり当てにならなかった。たとえば、コア人材の一人である年本氏の名刺には「技術センター　試作グループ　グループ長」とあった。

試作グループとは組織図にない名称で、本人いわく、役割を尋ねると「初めてやるものはすべてだ」と笠原社長に言われたという。

「ここにいる人間の仕事に対するスタンスは『受けた仕事はすべてやり切る』というもの。最初は個人商店のつもりで仕事をしろと言われてましたね。10年ほど前から個人商店からは脱却し、チームで仕事をするという方向に進んでいます。ただ、受ける主体が個人からチームに代わっただけで、『受けた仕事はすべてやり切る』というスタンスは同じです」と笑う。

いずれにしても、同社で主任だ、係長だ、課長だという肩書はあまり意味がないようだ。現在は個人商店とまでは言わないが、リーダーとメンバーによるチームというとてもシンプルなまとまりで仕事をしている。ルーチンの仕事もある意味、プロジェクトと同じ回し方をしている。

後程詳しく説明するが、同社の等級上の肩書は、役員を除くと、リーダー、次長、部門長だけだ。名刺上は部長もいるが、これはほとんど専門職の肩書で、実際の等級上の肩書は、年本氏もそうだが、次長が名刺上も実際にもリーダーとなっている。

世の中ではフラットな組織が理想とされている。ティール組織という言葉が流行り言葉になっているのもこの現れだ。だが、実際には厳然たるピラミッド組織が存在し、多くが上下関係に息苦しさを感じている。サンケイエンジニアリングは全く逆だ。表面上はピラミッド型の組織になっているが、運用上は極めてフラットな、タスクごとのプロジェクト型組織だ。このことは特筆すべき事実だ。

# 80歳でも働ける会社が目指すものは

笠原社長は、80歳でも働ける会社を標榜する。人生百年の時代である。「80歳でも現役」は人にやさしい会社の象徴と言えそうだ。

笠原社長は、「自らが新たな仕事、働き方を生み出しながら、自分たちの年齢に見合ったステージを作っていく、そうした自由を大切にする」と言う。だからこそ、80歳でも働ける会社になるというわけだ。

まず社内で専門知識・技量を磨き、さらにビジネス構築能力を養い、その力をいずれ社外でも展開できるようにしていくことが求められている。そうしたプロデューサーを数多く輩出しようとしていることは、第1章で述べたとおりだ。

「40歳くらいまでは、この会社で働きながら学び、自分の力を養ってほしい。その意味で、わが社はある意味トレーニングの場だと考えています。実は、コンタクトプローブのビジネスは仕事の基本がかなり凝縮されたものなので、トレーニングに最適なビジネスなのです。そこから先は働き方を選んでもらう。そのままサンケイエンジニアリングのマネジメントになっていくという道もあれば、軸足をここに置きつつ、広く社外で、文字どおりグローバルに活躍するという、半ばフリーランスとしての働き方も用意します。独立したい場合は、うちと連携していけばいい」（笠原社長）

この話を聞きながら、私は「プロジェティスタ」を思い出していた。

イタリアにはプロジェティスタと呼ばれる人がいる。彼らを一言で表すと、プロのプロジェクトリーダーだ。プロジェクトマネジメントを専門とする独立したプロフェッショナルたちである。もともと彼・彼女らは何かの分野の専門技術者だ。大学や技術専門学校を卒業して、どこか企業に入る。大手の場合もあるが、中小企業の場合が多い。最初はある領域のスペシャリストとして成長していく。ところが中小企業がゆえに、優秀な人材だといろいろな仕事を任されるようになる。だから、ミッドキャリアの手前辺りからさまざまな仕事を経験する。技術者としての仕事にとどまらず、経営管理やマーケティング、企画、さらには経理や人事労務といった領域にまで経験を広げていくケースが少なくない。そうやって、超多能工というべき存在になった後に、どこかのタイミングでスピンアウトする。自分自身で製造会社を設立したり、コンサルタントとして独立したりする。しかも、元いた会社とは良好な関係を持ち続ける。送り出した企業にとってはむしろ強力な援軍を得たようなものである。

サンケイエンジニアリングが進もうとしている道は、これと必ずしも同じではないが、かなり似ていると思う。

実際、笠原社長は「プロデューサーであると同時に、コンサルタントになっていくのだと思います。加工は加工のコンサル、技術営業は技術営業のコンサルに」と言う。また、さらに過激に、「会社にあるものはすべて売ることができます。プロとなったハイレベルな人を派遣する、言葉は悪いけど、ある意味人材を売ることもできるわけです。コンサルティングビジネスって、みんなそうですよね。私たちが蓄えてきた知識とノウハウを何であれ売るという形にしていけばいい。そうすれば過去に蓄積したものがそのまま未来に繋がる、そんなステージを作っていくことができると思うのです。そうするための方法論を常識の範囲にとどめる必要がないわけです」

だからこそ、サンケイエンジニアリングに片足を残しながら、プロフェッショナルとして別の場所で社会に新たな価値を生み出すようなこともできるわけだ。

「我々が蓄積している技術と社外の技術を統合して、お客様が必要とするものを提案し、それを作り出すというビジネスモデルを作り込んでおくことができれば、さまざまな分野のプロフェッショナルが、社内であろうが社外であろうが、ここに集うことによって、案件ごとにチームとなってさまざまな課題を解決していくというイメージです。それを称して現在、製造業の１１９番とか、中小企業の１１９番という言い方をしているわけです」

その意味ではサンケイエンジニアリングという会社は、活用すべき土台であり、自分をジャンプさせるためのステップなのだ。社員として社内の仕事をする。社外と連携する仕事もある。そしてそのうち、完全に社外の仕事を、場合によって社内のリソースも活用しながら行うことができる。そんな自由なステージだと思えばいい。

「給与体系はまだまだ検討課題ですが、そうした自由な仕事の仕方に見合うものにしていきます。簡単に言えば、ベース給与と歩合です。仮に、もし数か月の間、仕事をしたくないのであれば、その期間は遊んでいればいい。それでもベースの給与は払われる。その分の稼ぎをそれまでにしておいてくれればいいだけです」

もちろん、遊んでいて済む仕事はない。才能がなければ稼ぐことはできない。ただ、この会社には、才能と努力さえあれば、自分で自由に働き方を時間的にも広がり的にもコントロールできる、そんな裁量権が与えられる方向だということだ。

フリーランスの人間にもメリットとデメリットがある。若いうちは、バリバリ仕事ができるが、ある程度の年齢になると、そうは無理が利かなくなる。長時間働くという生活はそんなには続けられない。ネットワークが組めるといっても、結構一人で抱え込まなければいけないことが多い。その点、組織に軸足を置いて、フリーランスのように働くことができれば、フリーランスとサラリーマンのいいとこ取りができるというわけだ。

「そんな勤務形態を今、構築中なのです。40歳を過ぎたらマネジメントに徹するのか、それともプロデューサーとしてやっていくのか。あるいは、一つの職種のプロフェッショナルもありだと思います。作業のプロフェッショナルだってあり得ますし、組織には大切な存在です。そういう選択肢を持てるような会社にしていきます」と力強い。

いずれにしても、成果の出せる能力を持っていて、働きたいという意志がある限り、仮に80歳としているが、何歳になっても活躍する場を提供することを理想としている。

# 自分のキャリアは自分で作る

一人ひとりが自分のキャリアをマネジメントする。それが当たり前の姿だろうと昔から思っている。しかし、意外とこれが難しい。さまざまなやらねばならない制約＝Ｍｕｓｔが多いからだ。なかでも会社のＭｕｓｔは実に大きい。その中には理不尽なＭｕｓｔが数多く存在する。

サンケイエンジニアリングは会社のＭｕｓｔの中の理不尽なＭｕｓｔを可能な限り取り除こうとしているように見える。

皆が組織を利用する。完全に拘束はされず、自由を担保するが、お互いのメリットがあるような結び付きができるような組織としての働き方を模索する。

その意図は社員の能力、とりわけ価値創造に関わるクリエイティビティを最大限発揮させたいということである。

サンケイエンジニアリングが、そうした意味で完成された組織になっているわけではない。これからも模索は続くだろう。

ただし、笠原社長には、たとえ間違いはあっても二言はない。少しずつでもその方向に歩み、いつか近い将来、理想的な組織を作り上げるだろう。

だから、そうした理想的な組織が完成してから入ろうという人間は、いらない。おもしろそうな、今の常識で言えば、馬鹿げた改革を一緒に成し遂げたいと思う人材こそが似合う。これまでにない組織を作り上げる。それはやりがいのある仕事だ。

この夢に向かって本音で語りたいと思う人物が、この会社にはふさわしい。

# 「中小企業のコンサルタント」とは？

入社２年目でいきなり海外出張。１週間半、見知らぬ客先で単身、打ち合わせと作業の調整に明け暮れる。

同社では、そんなこともあり得る話だ。実際には個人の性格に拠る部分はあるが、フロントに立つ人間は、個人商店として仕事を受け、その仕事を新人であれ、やり遂げなくてはいけない。もちろん、サポートは手厚いが、常に力量が試される。それはやり甲斐を生む。そう思わない人は、そもそもこの会社には合わない。

そうした人材を育成するためには、自社にしっかりとしたコア技術がなければいけない。サンケイエンジニアリングにはそれがある。

第４章で詳説するが、同社では自社の技術領域とは関係のない素人が数多く一人前に育っている。与えられた修羅場を、仲間や上司のサポートのもとに乗り越えることで、その技術に精通するようになる。そういった人が育つ環境がある。コンタクトプローブとその周辺の治具や装置、検査装置や組立装置も含めて、その技術そのものにしっかりと精通することがまずできれば、電気測定の領域をステップとして製造業のプロデューサー、ものづくり全般のコンサルタントになることができるだろうと推察できる。

「そこを延長していくと、日本の中小企業の経営コンサルタントになるだろうなと思っています。実際、大企業や中小企業のコンサルティングの仕事も一部受け始めていますが、どうもこれまでのコンサルティングというものは自己性（当事者意識）に乏しいと思えて仕方がないのです。もちろんコンサルティングというものは、そもそも自己性に乏しいものでしょうし、今まではそれでよかったと思います。ただ、これからの時代は、自己性というものがマッチングしたコンサルティングにならないといけないと僭越ながら考えています。そのためには、自分たちがノウハウを蓄えて、そこで培った知識やノウハウを横展開していく。そういう形でビジネスを膨らませていくのが正解ではないかとさえ考えているのです。もちろん、そうした自己性のある仕事のやり方だけでなく、コンサルティングの本質である『お役に立てる』という部分にも力は入れていきますが」

コンサルティングとは何ぞや。分野は違うが、私もコンサルタントである。この言葉の意味には考えさせられる。自己性のあるコンサルティングとは、フルターンキーともまた違うだろう。結局は、主体はどちらかという意味になろう。

私自身の経験から言うと、「内部の第三者」になれることが大切だと思う。クライアントと同じ言語でディスカッションできる力を持った上で、異なる視点で提言できる。

ここを目指すべきではないだろうか。

## 修羅場を経験させるアクションラーニングの凄み

現在、同社における人材育成は、現場でのオン・ザ・ジョブ・トレーニング、あるいはアクションラーニングが中心だ。

より得策な方法を求めて、さまざまに試行錯誤もしている。先述した入社2年目の海外出張も、もちろんビジネス本番の話ではあるが、3割くらいはトライアルの意味があったという。どういう人材であれば、そういったことにも耐えられるのか、成果を上げられるのか、そういった状態に置かれたとき、どこまで人は成長できるのか。こっそりとバックアップ体制を敷いたうえで、見送ったそうだ。

人は修羅場で育つ。昨今は、好んで修羅場に飛び込む若者が少ないという。修羅場頼りも問題だが、そこを知らないと、些細なことでも修羅場扱いして実力を出せなくなってしまう。だから、若いうちに現状の自分の限界を知り、そこを何とか乗り越え、限界を先に追いやる努力はやはり必要なのだと思う。

それができる職場環境というのは、今も昔も大事なのではないだろうか。

「もちろん、やり過ぎてはいけないのですが、過保護では絶対に人は育たない。その加減の仕方もノウハウなのだと思います」

影で見守るサポートがあっての修羅場体験。サンケイエンジニアリングはこれを目指している。

## サンケイエンジニアリングが求める能力はこれだ

この章の最後に、同社の等級表（図表2）を2つに分けて掲出した。一つは「やるべき内容」との比較、もう一つは「（身につけるべき）能力」との比較だ。

詳しくはそちらを見ていただきたいが、等級は7つに分かれる。L1～L3（一般職）、L4（リーダー）、L5（次長）、L6（部門長）、L7（役員）だ。カッコ内が、実際に給与などに直結する役職名だ。ただし、名刺には対外的にわかりやすい名称であったり、実際の仕事内容に見合う名称などがついていたりする。

たとえばL1に最初に求める「やるべき内容」は、「指導を受けながら、作業マニュアル（作業手順書・標準書）通りに作業ができる」こととなっている。ちなみにL2は、同じ項目を見ると「指導を受けずに、作業マニュアル（作業手順書・標準書）通りに仕事ができる」となる。

当たり前のことだ。前沢氏も当たり前すぎてこれを出すのはどうかと言われた。しかし、この当たり前をはっきりとさせることが重要なのだと思う。

さらに言えば、重要なことは、「先輩の情況を見て、いいタイミングでいい質問をする能力」だと言う。そのとおりだろう。等級表には実は「質問力」という言葉はない。代わりに、L2の「(身につけるべき)能力」に「傾聴力」が出てくる。また、「行うべき内容」に、質問を飛び越して、「自分が実施している作業の問題提起をすることができる」とある。自主性の発露だ。

どうやら「質問力」は隠しテーマのようだ。「傾聴力」と対の能力と言ってもいいので、これと同義としているのかもしれない。

笠原社長は「皆、これから一癖も二癖もあるお客様から本当に彼らが必要なニーズを引き出すようにならないといけないわけで、自主性に裏打ちされた質問＝傾聴力は絶対に必要になる能力なのです」と言っている。

社員は皆、本音では笠原社長のことをかなり鬱陶しく思っている。しつこいし、細かいし、容赦のない社内クライアントだからだ。そんな彼らに笠原社長はよく言う。

「納期どおりに良品を求めるお客さんの多くは、俺より厳しいからね。最低限、このくらい慣れておかないと、悪いけど外じゃ仕事できないよ。だから、君たちにどう思われようと、俺は憎まれ役をやるからね」

皆、結局は成長し、この言葉の意味がよくわかるようになる。大事なのは、よくわかるようになったときに、怖がって引くのではなく、一歩前に踏み出して、やり取りができるようになっていることだ。

さて、社員が自主性を持ったら正当な評価をしなければいけない。2019年に、チーム・組織として社員を評価していく制度を実施していく形に評価制度を改めた。2020年は、この制度が形骸化しないように定着させるための年で、その役目を経営企画室が担っている。

笠原社長は、「社員評価は成績表ではありません。未来を創るために目標を設定し、その目標の達成が的確に進捗しているかをチーム内で確認するためのツールだと思っています」と言う。

サンケイエンジニアリングでのキャリアは成長主義的終身雇用だ。80歳まで働ける会社を目指すとは、働ける限りいつまでも働いてもらうということである。80歳に意味があるわけではない。

しかし、この会社で働き続けるためには常に学び、変化し続けなければならない。自らの成長が不可欠だ。自由と自己責任のもと、自らがどう貢献するかを自己決定しながら、会社とともに歩み続けるのがサンケイエンジニアリングでのキャリアだ。

| | | | | | | | |
|---|---|---|---|---|---|---|---|
| 1 | 自チームの年間の活動計画を立てることができる。 | | | | | | |
| 2 | 自チームの作業編成（人員配置・作業分担）ができる。 | | | | | | |
| 3 | 自チームの仕事の工程管理（作業進捗管理）ができる。 | | | | | | |
| 4 | 自チームのコスト / 利益（本社）管理ができる | | | | | | |
| 5 | 自チームにおける日々の作業におけるイレギュラー対応ができる（課題解決ができる）。 | | | | | | |
| 6 | 自チームが実施している作業の作業マニュアル（作業手順書・標準書）を作成できる。 | | | | | | |
| 7 | 教育：L1 ～ L3 の作業教育ができる。 | | | | | | |
| 8 | 決められた目標に対して、決められたスケジュールの基、結果を出すことができる。 | 1 | 決められた目標に対して、決められたスケジュールの基、結果を出すことができる。 | | | | |
| 9 | 自分が実施している作業について、改善をすることができる。 | 2 | 自分が実施している作業について、改善をすることができる。 | | | | |
| 10 | 自分が実施している作業の作業マニュアル（作業手順書・標準書）作成の手助けができる。 | 3 | 自分が実施している作業の作業マニュアル（作業手順書・標準書）作成の手助けができる。 | | | | |
| 11 | 教育：作業マニュアル（作業手順書・標準書）にも基づいて L1/L2 の指導をすることができる。 | 4 | 教育：作業マニュアル（作業手順書・標準書）にも基づいて L1/L2 の指導をすることができる。 | | | | |
| 12 | 指導を受けずに、作業マニュアル（作業手順書・標準書）通りに仕事ができる | 5 | 指導を受けずに、作業マニュアル（作業手順書・標準書）通りに仕事ができる | 1 | 指導を受けずに、作業マニュアル（作業手順書・標準書）通りに仕事ができる | | |
| 13 | 自分が実施している作業の問題提起をすることができる。 | 6 | 自分が実施している作業の問題提起をすることができる。 | 2 | 自分が実施している作業の問題提起をすることができる。 | | |
| 14 | 教育：L1 に単純な作業（ツールの操作）を教えることができる。 | 7 | 教育：L1 に単純な作業（ツールの操作）を教えることができる。 | 3 | 教育：L1 に単純な作業（ツールの操作）を教えることができる。 | | |
| 15 | 指導を受けながら、作業マニュアル（作業手順書・標準書）通りに作業ができる。 | 8 | 指導を受けながら、作業マニュアル（作業手順書・標準書）通りに作業ができる。 | 4 | 指導を受けながら、作業マニュアル（作業手順書・標準書）通りに作業ができる。 | 1 | 指導を受けながら、作業マニュアル（作業手順書・標準書）通りに作業ができる。 |
| チーム内 | | 自分のアウトプット | | 自分の仕事 | | 目前の作業 | |
| 他チーム | | チーム内 | | 他者 | | 自分 | |
| ～10 年 | | ～5 年 | | ～3 年 | | ～1 年 | |

（図表２）

| 区分 | 役職 | レベル | No. | 内容 | No. | 内容 |
|---|---|---|---|---|---|---|
| やるべき内容 | 役員 | L7 | 役員 | | | |
| | 部門長 | L6 | 1 | 中長期計画の策定・実施する。 | | |
| | | | 2 | 各部門の年度計画を策定・実施する。 | | |
| | | | 3 | 対外的（顧客・仕入先）な取引契約の締結を実施する。 | | |
| | | | 4 | 対外的（顧客・仕入先）に問題が発生した場合のその対策に責任をもつこと。 | | |
| | | | 5 | 案件毎の価格（原価・売価）を承認する。 | | |
| | | | 6 | 社員の採用を実施する。 | | |
| | | | 7 | 社員の人事異動権、評価・昇格・降格の判断をもつ。 | | |
| | | | 8 | 社員の教育計画、及び全体教育の実施。 | | |
| | | | 9 | L5 の評価・昇格責任 | | |
| | 次長 | L5 | 10 | 中長期計画に参画する。 | 1 | 中長期計画に参画する。 |
| | | | 11 | 自部門の年度計画策定に参画する。 | 2 | 自部門の年度計画策定に参画する。 |
| | | | 12 | 自部門の採用責任（契約社員・派遣社員）をもつ（採用して教育する） | 3 | 自部門の採用責任（契約社員・派遣社員）をもつ（採用して教育する） |
| | | | 13 | 自部門の仕事の基準書（QC 工程表、設計基準書、設備仕様等）を創り、その実行及びアウトプットに責任を持つ。 | 4 | 自部門の仕事の基準書（QC 工程表、設計基準書、設備仕様等）を創り、その実行及びアウトプットに責任を持つ。 |
| | | | 14 | 対外的なイレギュラー案件（特に顧客クレーム）の対策を実施する。 | 5 | 対外的なイレギュラー案件（特に顧客クレーム）の対策を実施する。 |
| | | | 15 | 自部門の案件毎の価格（原価・売価）を算出できる。 | 6 | 自部門の案件毎の価格（原価・売価）を算出できる。 |
| | | | 16 | 横展開横断業務ができる。 | 7 | 横展開横断業務ができる。 |
| | | | 17 | L1 ～ L4 の評価・昇格責任 | 8 | L1 ～ L4 の評価・昇格責任 |
| | | | 18 | 教育 (OFF-JT)：L3 が L4 になるための指導をする | 9 | 教育 (OFF-JT)：L3 が L4 になるための指導をする |
| | | | 19 | 教育 (OFF-JT)：L2 が L3 になるための指導をする。 | 10 | 教育 (OFF-JT)：L2 が L3 になるための指導をする。 |
| | | | 20 | 教育 (OFF-JT)：L1 が L2 になるための指導をする。 | 11 | 教育 (OFF-JT)：L1 が L2 になるための指導をする。 |
| | リーダー | L4 | 21 | 自チームの年間の活動計画を立てることができる。 | 12 | 自チームの年間の活動計画を立てることができる。 |
| | | | 22 | 自チームの作業編成（人員配置・作業分担）ができる。 | 13 | 自チームの作業編成（人員配置・作業分担）ができる。 |
| | | | 23 | 自チームの仕事の工程管理（作業進捗管理）ができる。 | 14 | 自チームの仕事の工程管理（作業進捗管理）ができる。 |
| | | | 24 | 自チームのコスト / 利益（本社）管理ができる | 15 | 自チームのコスト / 利益（本社）管理ができる |
| | | | 25 | 自チームにおける日々の作業におけるイレギュラー対応ができる（課題解決ができる）。 | 16 | 自チームにおける日々の作業におけるイレギュラー対応ができる（課題解決ができる）。 |
| | | | 26 | 自チームが実施している作業の作業マニュアル（作業手順書・標準書）を作成できる。 | 17 | 自チームが実施している作業の作業マニュアル（作業手順書・標準書）を作成できる。 |
| | | | 27 | 教育：L1 ～ L3 の作業教育ができる。 | 18 | 教育：L1 ～ L3 の作業教育ができる。 |
| | 一般職 | L3 | 28 | 決められた目標に対して、決められたスケジュールの基、結果を出すことができる。 | 19 | 決められた目標に対して、決められたスケジュールの基、結果を出すことができる。 |
| | | | 29 | 自分が実施している作業について、改善をすることができる。 | 20 | 自分が実施している作業について、改善をすることができる。 |
| | | | 30 | 自分が実施している作業の作業マニュアル（作業手順書・標準書）作成の手助けができる。 | 21 | 自分が実施している作業の作業マニュアル（作業手順書・標準書）作成の手助けができる。 |
| | | | 31 | 教育：作業マニュアル（作業手順書・標準書）にも基づいて L1/L2 の指導をすることができる。 | 22 | 教育：作業マニュアル（作業手順書・標準書）にも基づいて L1/L2 の指導をすることができる。 |
| | | L2 | 32 | 指導を受けずに、作業マニュアル（作業手順書・標準書）通りに仕事ができる | 23 | 指導を受けずに、作業マニュアル（作業手順書・標準書）通りに仕事ができる |
| | | | 33 | 自分が実施している作業の問題提起をすることができる。 | 24 | 自分が実施している作業の問題提起をすることができる。 |
| | | | 34 | 教育：L1 に単純な作業（ツールの操作）を教えることができる。 | 25 | 教育：L1 に単純な作業（ツールの操作）を教えることができる。 |
| | | L1 | 35 | 指導を受けながら、作業マニュアル（作業手順書・標準書）通りに作業ができる。 | 26 | 指導を受けながら、作業マニュアル（作業手順書・標準書）通りに作業ができる。 |
| | 責任範囲 | | 社内・外 | | 部門内 | |
| | 視野 | | 社会・地域 | | 会社全体・社外（顧客・仕入先） | |
| | 滞在時間（目安） | | 15 年～ | | ～15 年 | |

| チーム内 | | |
|---|---|---|
| 他チーム | | |
| ～10年 | | |
| | 1 | 貫徹力 |
| | 2 | 実行力 |
| | 3 | 報告力 |
| | 4 | 就業態度：挨拶ができる |
| | 5 | 就業態度 1：突発的な遅刻・無断欠勤がない |
| | 6 | 自工程完結力 |
| | 7 | 連絡力 |
| | 8 | 現状把握力 |
| | 9 | 自立力 |
| | 10 | 傾聴力 |
| | 11 | 就業態度 1：人に対してありがとうの謝辞を言える |
| | 12 | 就業態度 2：人に対して不愉快な言動をしない |
| | 13 | 執着力 |
| | 14 | 理解力 |
| | 15 | 論理力 |
| | 16 | 自律力 |
| | 17 | 判断力 |
| | 18 | スキルの指導力 |
| | 19 | 提案力（改善） |
| | 20 | ヘルプ力 |
| | 21 | 就業態度 1：チーム内の雰囲気をプラスにできる（雰囲気をよくすることができる） |
| | 22 | 就業態度 3：状況に左右されずに対外的に笑顔でいられること |
| | 23 | 就業態度 2：Biz マナー・みだしなみがよい |
| 行力 | 24 | 日次計画力 |
| | 25 | 日次計画を実行する力 |
| ーム内ート | 26 | 現場調整力 |
| | 27 | 標準化する力 |
| | 28 | 記載力 |
| 善 | 29 | チーム内課題抽出力（提案力） |
| | 30 | チーム内課題解決力（実行力） |
| | 31 | 説明力（チーム内） |
| ーム外応力 | 32 | 部門間課題抽出（視野のひろさ） |
| | 33 | 部門間課題解決力（他への影響を考える力） |
| | 34 | 説明力（チーム外） |
| | 35 | 視野の調整と視点の多点化 |
| 己研鑽 | 36 | 育成力 |
| | 37 | 学習力 |
| — | 38 | サンケイエンジニアリングイズムが理解できている |

152Point

| 自分のアウトプット | |
|---|---|
| チーム内 | |
| ～5年 | |
| 1 | 貫徹力 |
| 2 | 実行力 |
| 3 | 報告力 |
| 4 | 就業態度：挨拶ができる |
| 5 | 就業態度 1：突発的な遅刻・無断欠勤がない |
| 6 | 自工程完結力 |
| 7 | 連絡力 |
| 8 | 現状把握力 |
| 9 | 自立力 |
| 10 | 傾聴力 |
| 11 | 就業態度 1：人に対してありがとうの謝辞を言える |
| 12 | 就業態度 2：人に対して不愉快な言動をしない |
| 13 | 執着力 |
| 14 | 理解力 |
| 15 | 論理力 |
| 16 | 自律力 |
| 17 | 判断力 |
| 18 | スキルの指導力 |
| 19 | 提案力（改善） |
| 20 | ヘルプ力 |
| 21 | 就業態度 1：チーム内の雰囲気をプラスにできる（雰囲気をよくすることができる） |
| 22 | 就業態度 3：状況に左右されずに対外的に笑顔でいられること |
| 23 | 就業態度 2：Biz マナー・みだしなみがよい |

92Point

| 自分の仕事 | |
|---|---|
| 他者 | |
| ～3年 | |
| 1 | 貫徹力 |
| 2 | 実行力 |
| 3 | 報告力 |
| 4 | 就業態度：挨拶ができる |
| 5 | 就業態度 1：突発的な遅刻・無断欠勤がない |
| 6 | 自工程完結力 |
| 7 | 連絡力 |
| 8 | 現状把握力 |
| 9 | 自立力 |
| 10 | 傾聴力 |
| 11 | 就業態度 1：人に対してありがとうの謝辞を言える |
| 12 | 就業態度 2：人に対して不愉快な言動をしない |

48Point

| 目前の作業 | |
|---|---|
| 自分 | |
| ～1年 | |
| 1 | 貫徹力 |
| 2 | 実行力 |
| 3 | 報告力 |
| 4 | 就業態度：挨拶ができる |
| 5 | 就業態度 1：突発的な遅刻・無断欠勤がない |

20Point

※等級表は、随時、見直し、日々進化中。

| | | | | | | | | |
|---|---|---|---|---|---|---|---|---|
| | 責任範囲 | | 社内・外 | | | 部門内 | | |
| | 視野 | | 社会・地域 | | | 会社全体・社外（顧客・仕入先） | | |
| | 滞在時間（目安） | | 15年～ | | | ～15年 | | |
| 能力 | 一般職 | L1 | | 1 | 貫徹力 | | 1 | 貫徹力 |
| | | | | 2 | 実行力 | | 2 | 実行力 |
| | | | | 3 | 報告力 | | 3 | 報告力 |
| | | | | 4 | 就業態度：挨拶ができる | | 4 | 就業態度：挨拶ができる |
| | | | | 5 | 就業態度1：突発的な遅刻・無断欠勤がない | | 5 | 就業態度1：突発的な遅刻・無断欠勤がない |
| | | L2 | | 6 | 自工程完結力 | | 6 | 自工程完結力 |
| | | | | 7 | 連絡力 | | 7 | 連絡力 |
| | | | | 8 | 現状把握力 | | 8 | 現状把握力 |
| | | | | 9 | 自立力 | | 9 | 自立力 |
| | | | | 10 | 傾聴力 | | 10 | 傾聴力 |
| | | | | 11 | 就業態度1：人に対してありがとうの謝辞を言える | | 11 | 就業態度1：人に対してありがとうの謝辞を言える |
| | | | | 12 | 就業態度2：人に対して不愉快な言動をしない | | 12 | 就業態度2：人に対して不愉快な言動をしない |
| | | L3 | | 13 | 執着力 | | 13 | 執着力 |
| | | | | 14 | 理解力 | | 14 | 理解力 |
| | | | | 15 | 論理力 | | 15 | 論理力 |
| | | | | 16 | 自律力 | | 16 | 自律力 |
| | | | | 17 | 判断力 | | 17 | 判断力 |
| | | | | 18 | スキルの指導力 | | 18 | スキルの指導力 |
| | | | | 19 | 提案力（改善） | | 19 | 提案力（改善） |
| | | | | 20 | ヘルプ力 | | 20 | ヘルプ力 |
| | | | | 21 | 就業態度1：チーム内の雰囲気をプラスにできる（雰囲気をよくすることができる） | | 21 | 就業態度1：チーム内の雰囲気をプラスにできる（雰囲気をよくすることができる） |
| | | | | 22 | 就業態度3：状況に左右されずに対外的に笑顔でいられること | | 22 | 就業態度3：状況に左右されずに対外的に笑顔でいられること |
| | | | | 23 | 就業態度2：Bizマナー・みだしなみがよい | | 23 | 就業態度2：Bizマナー・みだしなみがよい |
| | リーダー | L4 | 実行力 | 24 | 日次計画力 | 実行力 | 24 | 日次計画力 |
| | | | | 25 | 日次計画を実行する力 | | 25 | 日次計画を実行する力 |
| | | | チーム内サポート | 26 | 現場調整力 | チーム内サポート | 26 | 現場調整力 |
| | | | | 27 | 標準化する力 | | 27 | 標準化する力 |
| | | | | 28 | 記載力 | | 28 | 記載力 |
| | | | 改善 | 29 | チーム内課題抽出力（提案力） | 改善 | 29 | チーム内課題抽出力（提案力） |
| | | | | 30 | チーム内課題解決力（実行力） | | 30 | チーム内課題解決力（実行力） |
| | | | | 31 | 説明力（チーム内） | | 31 | 説明力（チーム内） |
| | | | チーム外対応力 | 32 | 部門間課題抽出（視野のひろさ） | チーム外対応力 | 32 | 部門間課題抽出（視野のひろさ） |
| | | | | 33 | 部門間課題解決力（他への影響を考える力） | | 33 | 部門間課題解決力（他への影響を考える力） |
| | | | | 34 | 説明力（チーム外） | | 34 | 説明力（チーム外） |
| | | | | 35 | 視野の調整と視点の多点化 | | 35 | 視野の調整と視点の多点化 |
| | | | 自己研鑽 | 36 | 育成力 | 自己研鑽 | 36 | 育成力 |
| | | | | 37 | 学習力 | | 37 | 学習力 |
| | | | — | 38 | サンケイエンジニアリングイズムが理解できている | — | 38 | サンケイエンジニアリングイズムが理解できている |
| | 次長 | L5 | 管理能力 | 39 | 部門内年度計画立を実現するための実行力 | 管理能力 | 39 | 部門内年度計画立を実現するための実行力 |
| | | | | 40 | 部門内計画を立てるための調査力（マーケティング・技術開発力） | | 40 | 部門内計画を立てるための調査力（マーケティング・技術開発力） |
| | | | | 41 | 部門内計画を実行するための採用力（対象：派遣社員） | | 41 | 部門内計画を実行するための採用力（対象：派遣社員） |
| | | | | 42 | 対外的（顧客）な営業的な問題解決力。 | | 42 | 対外的（顧客）な営業的な問題解決力。 |
| | | | | 43 | 対外的（顧客）な技術的な問題解決力。 | | 43 | 対外的（顧客）な技術的な問題解決力。 |
| | | | | 44 | 対外的（仕入先）な価格・契約の問題解決力。 | | 44 | 対外的（仕入先）な価格・契約の問題解決力。 |
| | | | | 45 | 対外的（仕入先）な技術的な問題解決力。 | | 45 | 対外的（仕入先）な技術的な問題解決力。 |
| | | | | 46 | 部門間を超えてのイレギュラー（問題解決）案件の対応力 | | 46 | 部門間を超えてのイレギュラー（問題解決）案件の対応力 |
| | | | | 47 | 社内横展開（部門間を超えての改善）の対応力 | | 47 | 社内横展開（部門間を超えての改善）の対応力 |
| | | | 人間力 | 48 | 人的・金銭・内部組織リスクにたいする感度リスクの影響度を理解できている | 人間力 | 48 | 人的・金銭・内部組織リスクにたいする感度リスクの影響度を理解できている |
| | | | | 49 | 全社に対して良くしようとする意志があり、行動できる | | 49 | 全社に対して良くしようとする意志があり、行動できる |
| | | | | 50 | 対外・対内ともにポジティブな影響力 | | 50 | 対外・対内ともにポジティブな影響力 |
| | | | | 51 | サンケイエンジニアリングイズムを説明できる | | 51 | サンケイエンジニアリングイズムを説明できる |
| | 部門長 | L6 | | 52 | 中長期計画立案と実行力 | | | 204Point |
| | | | | 53 | 採用計画立案と実行力 | | | |
| | | | | 54 | 教育計画立案と実行力 | | | |
| | | | | 55 | 開発計画立案と実行力 | | | |
| | | | | | 220Point | | | |

# 第3章

# Realistic People-Preview
## ～サンケイエンジニアリングの人々

# 本当の安定志向とは何だろうか？

サンケイエンジニアリングにはとにかく個性的な人間が揃っている。彼らが半ば個人商店として、しかし絶妙なチームワークも育み、最高の仕事をしている。

本社のプロフィットセンターは技術営業部という部署だ。この部署の仕事については、第4章で現在同部のフロントを預かる2人に登場いただき、今のリアルを詳しく掘り下げるが、ここではそこに登場しない3人について、あえて先に紹介したいと思う。その理由は、「普通の会社であれば、きっと務まらなかった3人ですね」と開口一番、笠原社長が言うからだ。

「とにかくコミュニケーションが取れなかった。今でもほぼ表には出ず、内勤です。だけど、フロントのメンバーを裏からしっかり支えている。しかも、この3人が組み合わさると、最高のパフォーマンスを発揮する。なぜならば、この3人は、一人はアイデアマン（恵比寿氏）、一人は実務家肌（松浦氏）、そして一人が実験大好き・プログラミング大好き（渡邊氏）という人間の組み合わせだからです」

一人ひとりを評すると以下のようになる。

「恵比寿はある種の天才。ひらめきがすごい。でも、ある程度形になってくると飽きてしまう。たとえお客さんであろうと、当たり前の質問をすると何も答えようともしない。難しい問題じゃないとやる気にならない。問題児です。だけど天才です」

「渡邊はお客さんの前でも居眠りしてしまうような人間です。自分の興味のあることには燃えるし、頼まれたことに対しては極めて真面目にやるけど、時間軸がマイペース。夜中だろうが、早朝だろうが、やるべきことをやってくれるから、経営としては嬉しいのですが……。他人の役に立つことが好き。その代わり、興味のないことに責任を持たせるとつぶれる。そんな奴です」

「松浦は、決まったことをこういう形でやりなさいと言うと、ひたすらそれをやり続けることができる。その代わりアイデアを出せとか自分で考えろと言うと、フリーズしてしまう。極めて実務家肌で、チームメンバーとしては最強です」

いやはや確かに変わり者揃いだ。こうした面々が今のサンケイエンジニアリングを支えているし、いい会社にしている。

「他の会社では務まらない」とは「うちでは務まる」「うちでなら最大限能力発揮できる」という意味でもある。笠原社長はどこか誇らしげだ。

平穏無事、いつまでも変わらない、安定を好む人には務まらない会社だ。

今はこの会社の過渡期だから、これからはその方向は変わっていかなければいけない。個人商店から組織に醸成していかなければいけない。実際、徐々に変わってきている。しかし、下手に平準化をしようとすれば、この会社の良さが失われる。軋轢も生まれる。

それでも、自らの理想を追求するためには、これまでの個性の強い職人の集まりからさらに進化していく必要がある。ただ、横移動で変わるのではなく、前へ、上へ、脱却しつつ、進化していかなければ意味がない。

ファンタジスタという言葉がある。ヨーロッパのサッカーの世界で聞く言葉だ。ストライカーを指す。彼らは華麗だ。ただ、ヨーロッパのサッカー界でも、昔に比べ、ファンタジスタの存在感は薄くなってきている。個性よりもチーム力が大事にされてきているからだ。ゴールに向かうチーム力は美しいし、何よりも大事なものだ。その上で、ファンタジスタと呼ばれる個性が際立つ。チームワークの上に立って、パワーが際立つスターがいるから魅力的なのだ。

笠原社長は、「新しい落としどころを作ることに喜びを感じる人に来てほしい」と言う。変化に違和感や抵抗感を持つ人が来てもらっても困るというわけだ。

ところで、世の中一般的には新卒学生の安定志向はますます高まっているという。バブル崩壊以来、まさかと思うような大企業・名門企業が倒れ、消えていった。これを見ていて、なんとしてでも潰れない会社を選ぼうとするのは当然かもしれない。

しかし、よく考えてもらいたい。規模が大きく、歴史があれば会社は潰れないのだろうか。これが間違いであることは誰にでもわかる。では、潰れない会社とはどのような会社だろうか。それは、変化に対応できる会社に他ならない。進化論を唱えたダーウィンの言葉とされている、「最も強い生物でも、最も数が多い生物でもなく、最も変化に対応できた生物が生き残る」という言葉は生物を会社に置き換えても通用する。

すなわち、安定志向を潰れない会社を選ぶことと捉えるなら、選ぶべき会社は最も変化に対応する力を持っている会社になる。

その観点から言うと、サンケイエンジニアリングを選ぶということは究極の安定志向ということができるのだ。

# さまざまなプロジェクトに見る各人のパワー

ここで、これまでに生まれたいくつかのプロジェクトについて紹介しよう。これはリアルな話だ。同社がどのような仕事をしているのか、また、そこに集まる面々がいかにユニークなのかがよくわかると思う。

## ■精密コンタクトプローブ組立プロジェクト

最初は天才肌のアイデアマン、恵比寿氏の話だ。

精密コンタクトプローブとは、インナータイププローブと呼ばれる極小部品を製造する「組立機」のことだそうだ。お題は、直径０・３㎜のパイプの中に部品を組み込むインナータイププローブの組立機の製造である。恵比寿氏が入社数年目で、この組立機の設計およ

び調整を行った。

「そのころの僕、なんか暇してたんですよね。だから選ばれたんだと思いますけど。ただただ大変でしたね」

クライアントからのオーダーは、直径0・3㎜のコンタクトプローブを月産数十万本ほしいというもので、実はサンケイエンジニアリングとして進出を検討していた半導体分野の案件だった。

しかし当時のサンケイエンジニアリングに0・3㎜というサイズの自動組立経験はなく、さらに月産数十万本というボリュームも未知のゾーンだった。

「でもまあ、もう注文は決まっているわけなので、やるしかないですよね」と。

プロの言葉だ。

まずは設計担当と打ち合わせを重ね、既存の機械を改造することで、何とか試作機を作りあげた。だが、これがなかなかうまくいかない。

「最初は素材をうまくつかむこともできなかったのです。無理やりつかもうとすると、折れるか曲がってしまう。設計と一緒に何度も何度も機械を調整して、それでなんとかうまくつかめるようになったのですが、今度は別の部品にそれを入れる工程でまたストップ。で、また調整の繰り返しです」

課題はほかにもあった。それが月産数十万本を実現するためのサイクルタイムを実現するという難題だ。

「当たり前の話ですが、スピードが遅くてよければ精度は上げやすい。しかし、それは許されない。実際にはかなりのスピードで仕上げていかないと月産10万本も作れない。サイクルタイムが1秒伸びるだけで、仮に30万本で考えたら80時間以上違うという計算になるのです」

さらに、実は最大の課題は他にあった。それは、恵比寿氏自身のキャラクターだったというのだ。

「今でこそ多少コミュニケーション能力も上がりましたけど、当時の恵比寿はひどかったんですよ。常識も道理もおかまいなし。先輩である設計の技術者に対しても自分の理屈を当然のようにぶつけるもんだから、そりゃ頭に来ますよね(笑)。だから、当時はしょっちゅうケンカしていました。それが今や、その人と恵比寿が大の仲良しなんですから、わかんないものです」と年本氏は言う。

それでも恵比寿氏は、この課題から決して逃げることはなかった。協力会社や技術センターに篭ってこの組立機と向き合い、黙々と、だが着実に問題を解決していった。それでも、満足いく精度のコンタクトプローブを製造できる組立機が実現するまでには、実生産をしながら、実に2年以上の月日を要した。そのマシンはその後、後任に引き継がれ、今でもアップデートを重ねている。「当時の自分は、メカの動作なんて全く知りませんでした。たとえば、X軸が動いてからY軸が動くまでにディレイ・タイムを入れないと動きがおかしくなる、なんて基本的なことすら知らなかったのです。だからこの案件は、今の自分の仕事の基礎になったというか。あの件を通じてすべてを学んだという感じです。まあ、学んだというより、学ぶしかなかったわけですけど（笑）」

大企業では、最適な方法論はすでに確立していることが多い。難しい問題はむしろ受注しないことが多いからだ。効率よくできる仕事を中心に日常は動く。だから若手が試行錯誤する機会はほとんどない。しかし、サンケイエンジニアリングではあえて誰もできなかった問題に挑む。だから、試行錯誤が当たり前になる。どちらが成長できるか、言うまでもないだろう。

## ■φ０・１㎜極小部品加工プロジェクト

次は、技術センターの中心人物といえる年本氏の話題。

加工技術に定評のあるサンケイエンジニアリングの中でも、現在ではトップの経験と実績を持つのが彼であるが、普通科出身で、ガソリンスタンドとクーラー取付けの経験しかなかった。

最初はクーラー取付業時代の先輩に誘われて、エアコンで快適な作業環境という言葉に最も惹かれてやってきた人物だ。

「工具の名前とかネジの締め方くらいは知っていましたけど、その程度でしたね。専門知識なんて全然なかった」

右も左もわからぬまま始めた仕事であり、教育体制も整備などされていなかった。先輩から十分な指導が受けられたわけでもない。

「社長は、朝フラッとやってきて、『じゃあよろしく〜』で本社に行っちゃうのです。そうは言っても、「よろしく」って言われたからには頑張るわけです。だけどスキルがないから時間内に全然終わらなくて。社長が夕方見に来るんですけど、『ま、明日の朝までにできてればいいからさ』とか言って帰っちゃう（笑）」

こんな一見恵まれない環境の中で、めきめきと実力をつけていくのだから人間というものはすごいものだ。

先述した恵比寿プロジェクトで直径0・3㎜のコンタクトプローブを作成する際、年本氏は最も重要な部品である先端部分の加工を担当することになった。しかしこれは、年本

氏の技術を持ってしても簡単に実現できるものではなかった。

「この部品は、四角い金属の先端をバイトという切削工具を使って削って作るんです。この先端の精度がとにかく大事なので、以前は超硬度の値段も高いバイトを使っていたわけですが、ところがどんどん摩耗するんですね。首を傾げながら何十時間も削って、後でわかったのは、バイトと削る金属の相性が悪かったのです。やってやって、それで身をもって知る。その繰り返しですね」

こんなこと、どの技術書にも書いてない。

そこで金属の種類を変えた結果、作業効率が劇的にアップ。無事、量産できる体制が整った。そして、このときの経験が、後に直径０・１㎜という極小コンタクトプローブの製造に挑戦する際に活きてくるのである。

「嫌になるくらい高硬度バイトと向き合って、散々失敗したからこそ知識が蓄積された。だからφ0・1㎜の時は比較的スムーズに行きました。まあ、また別の問題が現れましたけど」

それは、ずばり、「見えない」という問題だった。

「人間の目では見えないんです。作れてるはずなんだけど、それを目で確認できないわけです。ここが一番苦労しましたね。でも、なんとか探し出して、チェックするというふうに地道にやってます」

年本氏を突き動かす原動力は「悔しさ」だという。

「悔しいんですよ。できないと、めちゃめちゃ悔しい。だからできるまで頑張る。それだけですね」

そうやって積み重ね、磨いてきた技術力と発想力を、笠原社長は「加工技術に裏打ちされたコンサルティング能力」と称する。

## ■生産性向上プロジェクト

次は、やはり技術センターになくてはならない尾之上氏のケース。今でこそ働き方改革の立役者なのだが、彼には実は、技術センターに泊まり込んで加工技術を磨き、家に帰る間も惜しんで、ダンボールに包まって仮眠を取っていた――というエピソードもあるほど仕事に没頭してきた時期がある。

そんな彼が今度は、無駄を省いて効率的な成果を上げるための「生産性向上」をミッションにしている。

「昔は本当に、生産性なんて考えずにひたすら長く働いてました。でも、なぜ長時間労働になっているのかという原因を徹底的に分析し、目的・目標を具体化して一つずつ取り組んでいけば、短い時間で同じ成果を上げることができるとわかってきたのです。結局、過去に自分が非生産的な働き方をしていたからこそ、よくわかることなんですね」

生産性向上というテーマを掲げる企業は多いが、それを達成するのは簡単ではない。

尾之上氏によればその理由は、

「原因の分析が甘いからでしょうね。まずここを徹底してやらないと、正しい計画は立ちません。正しい計画が立たないから目標も曖昧になりがちで、だからいつの間にか形骸化して、結局、目の前の仕事をこなすだけになる。……で、1年後の社員総会で、生産性変わってないじゃないかと怒られる（笑）。うちもこのパターンに陥っていました」

他社での研修などを通じて具体的なメソッドを学んだ尾之上氏は、本格的な改革に乗り出した。

「最初にやったのは、各現場に行って、やっていることを細部まで理解することです。この『細部まで』というのがポイントで、たとえば技術センターで言えば、NC旋盤の段取り、抜き取り、プログラム、切粉の掃除と、大きなところだとこれくらいしか出てこない。でも実際には、油の管理とか、工具の発注とか、資料のプリントアウトなど、そういう細かな仕事も存在しているわけで。そういうのも含めていったんすべて出してみて、その上で、課題と向き合っていかないとダメなわけです」

仕事に優先順位をつけ、無駄なことは省き、場合によっては他部署へアウトソーシングする。そうした要点が、いったん、現場の一担当者であることを離れて、俯瞰の視点で職

場を見つめることでわかってくる。
「朝来てみたら、50台の機械のうちの１台がアラームで止まっていたとします。すると、その機械を直す作業をして、再び動かすわけです。それが当たり前だと思っていたんです。でも、それが正解ではない。なぜならば、アラームが出て機械が止まってるということは何らかの異常があるわけです。あるいはあったわけです。だから、その原因を突き止めてアラームが出ないようにできれば、その後の直す作業は発生しない。１回数十分の話でも、週、月、年で見れば積もり積もって、その無駄がものすごい時間になってしまうわけです」
　こうした活動の結果、たった3か月で残業時間が４分の１に短縮された。この点について、笠原社長はこう話す。

「皆、一生懸命やってるんですよ。一生懸命やってること自体は美しいんで、相応の成果が上がってなくてもどこか正当化できちゃう。でも、それって違うよねと。結局、皆のためにならないことを、皆が一生懸命やってしまっていたということなのでしょう」

生産性に悩む企業はこのメソッドを知りたがるはずだ。つまり、ビジネスになる。

「夜中まで必死に働いて、今日も頑張ったね、明日また頑張ろうねって、個人の中に達成感はあるかもしれないけど、それじゃダメなんです。なぜそんなに時間がかかってるのか、もっと効率化できないか、無駄なことはないのかってロジカルに考えないと。これは製造業に限った話じゃなくて、どんな業界でも同じ。たとえば僕の奥さんが働いている医療業界に行っても、僕は生産性を上げる自信あります（笑）」（尾之上氏）

## ■測定器プログラミングプロジェクト

技術営業部で裏を支える一人、渡邊氏。彼は主に測定器のプログラミングを担当する技術者だ。測定器はさまざまなメーカーから販売されているが、そのままの状態で目的の測定が行えるとは限らない。別の測定器と組み合わせたり、カスタマイズを施したりすることで初めて求める測定が可能になるものだ。その際、必要不可欠なのがソフトウェアのプログラミングである。既存のコードを調整したり、追加したり。

この分野で最も信頼されているのが、この渡邊氏である。

「日本語にも英語にも文法があるみたいに、プログラミング言語にもルールがあって、それさえ守っていれば、ちゃんと機械はわかってくれます。ルールに則って、伝えたいことを伝える。それだけのことなので、別に難しいことではないと思うんですけどね」

昔から、物事の道理や仕組みを理解するのは得意だったそうだ。どんな機械であっても、マニュアルを読まなくてもある程度動かせてしまうというから驚きだ。

前沢氏があるエピソードを聞かせてくれた。

「うちではお客様立会いのもと、実験をすることも多くて、そのときもお客様が来ることになっていました。ただ、その実験で使う機械が何をどうしてもうまく動かないんです。時間はどんどん過ぎて、あと2時間しかない！という段階になって、もうパニックですよね（笑）。とにかくどうにかしなくてはいけないと技術センターに電話して、彼に泣きついたんです。今すぐタクシー飛ばして来て！って（笑）」

詳細もわからぬまま本社に呼び出された渡邊氏だが、エラーの原因を即座に見抜き、素晴らしいスピードで問題を解決してしまった。

「聞いたことのないようなへんてこりんな装置でも、そのソフトウェアで使われている言語さえわかれば、ナベちゃんがどうとでも動かしてくれますから。そういう意味では、彼がわが社の受託測定の幅をかなり広げてくれましたね。うちには欠かせない人材です」（前沢氏）

プログラミング言語を機械とのコミュニケーションツールとして巧みに操る渡邊氏は、対人間のコミュニケーションにおいてもその姿勢は丁寧だ。言葉遣いや振る舞いだけでなく、常に相手が何をどう実現しようとしているのか、何が問題でそれができていないのかを正しく理解しようとする。

「機械だって、その構造や構成を無視してこちらのやりたいことだけを押し付けても、ちゃんと動いてはくれません。だから、自分がこれから動かそうとするものを正しく理解する

ことはとても大切なんです。どういう順序でどういう命令で動いているのか、それを解きほぐして初めて、じゃあ新たな命令はここに入れればいいな、この記述はもういらないな、ということがわかってくる。人間も同じですよね。自分の要求だけ言ってたら、多分うまくいかないいんじゃないかな」

新たなビジネス、という意味でも、渡邊氏は重要な立場にいると、日々、顧客と直に接することの多かった前沢氏は言う。

「受託測定を行っている会社は他にもありますが、『測定しました、結果はこれです。以上』という会社がまだまだ多い。測定をお願いされているのだから、その結果がよかろうが悪かろうがそこはタッチしない、というスタンスですね。それはそれで間違ってはいない。でもうちの場合、もちろん出た結果は正確に伝えた上で、『こういう結果が出たのはこういう原因が考えられます。それを解決するにはこういう方法があります』と、課題解決にコミットした提案をします。コンサルティングです。加工技術などのハード面でもそうですし、ソフト面でもうちにはナベちゃんがいますから。もっともっと多くのお客様に価値を提供できると思います」

それを聞いて渡邊氏はどう思うのだろうか。

「うーん、まあ、僕は言語を使ってコミュニケーションしているだけなので（笑）。機械にしろ、人間にしろ、ちゃんと理解した上で話せば、きっと伝わるんですよ」

道理だ。

## ■カンボジア拠点立ち上げプロジェクト

次は、これまでに何度も登場した前沢氏だ。経営企画室室長。サンケイエンジニアリングの未来を見つめ、手を打つのが彼女の役目だ。つまりは、未来が彼女のリアルだ。

そのため、さまざまなプロジェクトを先導しているのだが、ここではカンボジア拠点の立ち上げについて紹介しておこうと思う。

28歳で転職し、技術営業のトップとしてさまざまな顧客の課題解決に取り組んできた。採用やマーケティングなど、営業以外の業務も幅広く担当する多忙な日々の中、特に注力している分野の一つが海外進出プロジェクトだった。２０１４年、カンボジアに検査業務を担う拠点を設立した。

「拠点を作って3年ほど経ったころ、やっと検査業務が滞りなくできるようになってきました。これがまず目標の第一段階でした。次は加工までできるレベルにまで持っていきたいのです。カンボジアでモノが作れるようになれば、中国やインドといった国々との取引もスムーズになります。うちの製品加工から始めて、将来的にはコンタクトプローブ以外のモノにも対応できたらいいなと考えています」

検査だけでなく加工もできる拠点に。その時期を彼女は２０３２年頃、と目標設定している。その理由は、

「オリンピックですね。２０２０年が東京、24年がパリ、28年がアメリカで、その次の32年には、そろそろ東南アジアで開催されるんじゃないかって思っています。つまり、そのころには東南アジアの生活レベルがグッと上がってるはずだと思うわけです。それまでに準備を整えておきたいのです」

恐ろしいほどの未来洞察だ。

とはいえ、ここまでの道のりも決して順風満帆とは言えなかった。２０１４年の開設から3年間、その間に現地で採用した9名のスタッフのうち、残ったのは1名だけだという。現在はその1名と現場技能職（パートタイムスタッフ）5名の計6名で日々の業務に当たっている。

「採用には本当に苦労しました。国民性なのか、やっぱり日本とは感覚が違っています。ただ、その残った1名の女性と出会えたのは本当にラッキーでした。他のカンボジア人とは考え方からして全然違っていて、根拠のない夢は見ない、見栄を張ることもない、できることからコツコツと積み上げていく、そういうタイプなんです。まあ、裏を返せば、他の方はそういうタイプじゃなかったってことなんですけど（笑）」

検査業務に比べ、専門知識や技術が必要な加工工程は難度が高い。それでも前沢氏が「加工もできる拠点」を現実的な目標に据えられたのは、この女性スタッフの存在が大きい。

「彼女だったら加工まで習得できる、そういうイメージが持てたわけです。すでに2回、日本に来てもらって技術センターで研修を受けてもらいました。技術面はそうやって学んでもらって、あとは私のほうが向こうに足を運んで、彼女に辞められないように体制づくりを頑張るというわけです」

サンケイエンジニアリングにとって、海外進出は以前からの目標であった。カンボジアは具体的な第一歩目だが、一方で、カンボジアでなければならないという意識はあまりない。この点について笠原社長はこう語る。

「これからの時代を考えれば、海外への挑戦は当たり前にしていくべきです。かといって、カンボジアがすべてだとも思っていません。正直な話、これまでに撤退を考えたことも3回くらいあった。でも、一度の失敗で海外ビジネスを辞めるかって言ったら全くそんなことはなくて、別の国なり別の大陸なりでチャレンジするだけです。失敗したっていいんですよ、失敗から学ぶこともたくさんあるわけだから」

前沢氏は、カンボジアでの事業を着実に成功に導きつつある。

「社長が言うように、未来永劫カンボジアとは思ってません。でも、次にどこに行くにせよ、『ここまではできた』という実績は必要ですから。場所を変えてまたゼロから始めるのではなくて、次に繋がるような何かを見つけないといけません」

いいコンビだ。

## ■量産ラインの完全自動化への挑戦

国際事業部・技術担当の犬塚氏は、ある装置メーカーと、とある装置のプロデュースを統括した。その装置の試作機ができあがったところで、量産対応品の全自動化に着手した。量産品となれば、必ず価格競争に巻き込まれる。しかもサンケイエンジニアリングはその売り先として最初から海外を視野に入れていた。そのためコスト重視が何よりの課題だった。だからこそ、最初から、部品の供給から組立、検査まで無人で動かすことができる全自動組立検査装置にこだわったのだ。そこで一番大変だった点は、すべての部品が1㎜以下であるため、これを正確に供給し、掴み、測ることだった。この実現には1年という歳月を費やした。加えて誤判定率を0.1％以下にするためにさらに1年。実は、先に登場した恵比寿氏も当初このプロジェクトに参加していたそうだが、途中でギブアップした。しかし犬塚氏は決して諦めずに、計2年の歳月を経て、その全自動組立検査装置を完成させた。その出来栄えは、工場見学に訪れたある顧客が、「チョコ停（工業用用語でチョコチョコ停止）しないんですね」と感心したほどだった。

この話には後日談がある。登場するのは、国際事業部・営業担当の本間氏だ。彼は総合商社出身だ。品質でもコストでも勝てる製品を得て、彼は台湾にある世界一のファウンドリーメーカーに売り込みをかけた。

実はサンケイエンジニアリングは、ここまでにも紹介してきたように、従来、少量多品種の部品や製品の開発、販売に特化してきた。ただ、2008年のリーマンショックを受けて、笠原社長は量産品というボリュームゾーンも視野に入れ始めていた。このプロジェクトは、まさにそうした新たな展開の幕開けとも言えた。日本にある従業員数60人弱（当時）の会社が世界を相手にし始めた瞬間でもある。

そもそも本間氏は、他社ができない仕事にこそ興味を持つ人物だ。その後、本間氏から製品開発部に出される仕事はそのため常に困難を極めた。とは言え、彼はただ無茶ぶりをしているわけではない。自分自身で設計もすれば、自ら実験を行うこともある。やはりこの会社の社員は皆、バカ者なのかもしれない。愛すべきバカ者だが。

サンケイエンジニアリングの人々はとても個性的だ。素のままの自分を誰も偽らない。それぞれの強みを認め合い、弱みを補完し合い成果を出す。とても人間的な人々が人間として精一杯の努力をしている。心理的安全性が保障されているからこそできることである。

もし、サンケイエンジニアリングに向かない人がいるとしたら、それは自分を偽る人だろう。本当の自分を出さず、仮面を被り、表面を取り繕う。こんな人にはとても居心地の悪い会社だと思う。

# 第４章

# Realistic Job-Preview

## ～サンケイエンジニアリングで働くということ

## バカ者が築くピリリと辛いスモールカンパニー

サンケイエンジニアリングの本社および技術センターは神奈川県横浜市にある。2019年10月1日現在の従業員数は63名。資本金3790万円。典型的な中小企業であるが、大きな夢を描いている。今、同社がどこに向かってその歩みを進めているのかをまず見てきたが、最後に、今のリアルをお届けしたい。

同社全体の組織構成については、この章の最後に紹介するが、中でもプロフィットセンターとして、同社の今の事業の中核を担うのは「技術センター」と本社にある「技術営業部」だ。

技術センターは現在の同社の主要商品であるコンタクトプローブの加工組立、検査、出荷を担っている。技術営業部は顧客から相談を受け、新製品を設計開発するのを主な役目としている。

ただし、縦横無尽にさまざまなプロジェクトが走っているので、そうした主業務は固定したものではない。皆がチームとして、あたかも個人商店のようにさまざまなオーダーを受け、こなしていく。

サンケイエンジニアリングのコンタクトプローブは多品種少量生産が特徴だ。受託生産も多い。既製品を大量生産している一般的なメーカーとは全くイメージが異なる。毎日が研究開発といった印象の仕事だ。技術センターも、単なる工場ではない。あくまでも技術センターだ。

技術センターの中核メンバー、通称「バカルテット」に話を聞いた。経営から最も信頼される４人衆だ。バカルテットとは、当然のことながら蔑称ではない。同社の求める人材は、「バカ者」だと公言している。

同社でバカ者の条件は以下のとおりだ。

① 常識や価値観に囚われない

② ほかは全部０点でも、何か一つ２００点、３００点のものがある

## バカ者の条件。

① 常識や価値観に囚われない

② ほかは全部0点でも、何か一つ200点、300点のものがある

③ これぞと思ったことに、ひたすら没頭できる

④ ことを成し遂げるまで、へこたれない

③ これぞと思ったことに、ひたすら没頭できる

④ ことを成し遂げるまで、へこたれない

働き方改革が叫ばれている。その改革が時短とイコールと思われている節もある。某広告会社の新人社員の自殺から一気に火のついた働き方改革であるが、長時間労働の問題にばかり目が行き、時間さえ短ければ働き方改革は完成だとする風潮には違和感を覚える。果たして、先の事件は長時間労働だけが原因だろうか。職場の皆から認められ期待されること、温かく迎え入れられることの重要性を忘れてはいないだろうか。残業をとにかく減らすこと、上からの命令すら悪とされる今の

論調は明らかに間違っている。仕事は大変だが、皆で助け合っている。成長することを周りから期待されている。笠原社長はこれを互助と感謝と言っているが、そんな環境の中で、働けるような環境にすることこそ、本当の働き方改革なのではないだろうか。

この観点から見ると、同社にあるのは偽のやさしさでも、表向きのかっこつけでもない。自己実現を求める変わり者たちが集い、自分たちの未来を創るために日夜汗を流し、自分の意思で努力を続ける。そんな場なのだ。

まずは笠原社長のバカルテット評を紹介しよう。

「まず年本君。彼がうちの加工の部分をずっと引っ張ってきてくれた。ど素人で入社して、1年も経たないうちに先輩が突然会社に来なくなって、その後はほとんど独力で加工技術を作り込んできてくれた。

菅野君。不器用な奴です。あまりに苦労していたので、「君さ、才能がないから辞めたらどう?」と言ってみたけれど、「絶対に辞めません」と言う。たまに週末に技術センターに立ち寄ると、一人で仕事をしていた。とにかく根性がすごい。ひたすら頑張って頑張って技術を磨いてきたのでしょう。今ではなくてはならない存在です。前言撤回で、いなかったら困る。

熊谷君は本社にもいて、技術センターに来てからは加工も担当していましたが、今は検査チームのリーダー。昔はよく、機械の前でボタンを押すポーズのまま寝ていた姿を覚えています。寝ていた跡がはっきりと顔などについているのに「寝てません！」と最後まで否定する。まあ、頑固者ですね。今では検査の柱です。

尾之上君はとにかく頭がいい。仕事の要領もよくて、周りを見ながら立ち居振る舞いを身につけることができる。マネジメントにも長けているのだと思うが、加工も組立も検査も何でもできる。マルチな技術者。周りを巻き込んで仕事を進めるのがうまい。

年本君を中心に、とても良い組み合わせだと思います。この４人がいなければ、今のサンケイエンジニアリングは存在しないと思います」

## 門外漢の素人が集まってきた。条件は「朝まで働けること」

今ではサンケイエンジニアリングを支える４人だが、彼らの入社のきっかけはどのようなものだったのだろうか。

年本氏の前職は、前述したようにエアコンの取付業だった。同社の転職組にはこうした門外漢が多い。きっかけは前職の先輩が先に入社していたことだそうだ。年本氏が前職を辞めたいと考えていたときに、その先輩が「すごくいい会社を見つけた」と言う。「どんな会社ですか?」と聞くと、「就業時間はきっちり決まっていて、毎日定時に帰れる。週休２日で夏休みもある。エアコンがあるから快適。教えてくれる人は皆、親切。正規募集で基本給もいい。ボーナスもある!」。それを聞いて、年本氏は一も二もなく、その会社

＝サンケイエンジニアリングに応募して入社した。

「最初の数か月はそのとおりでした。ずっと座りながらゲージ通しをしていたり、機械に触り始めたり、教え方も丁寧でした」

ただし、それは3か月だけの夢物語だった。週休2日も夏休みも制度としては確かにある。しかし、やるべき仕事が終わらなければ帰れない。基本給は確かにいいし、もちろんエアコンはあったが、結局は自分の意思と実力次第だということがわかった。

菅野氏は、紹介会社の紹介でやってきた。実は、紹介会社の同じ担当者を通して菅野、熊谷、尾之上氏と3人が入社している。しかも、その担当者も今ではサンケイエンジニアリングに在籍しているというから驚く。ちなみに、その担当者とは今の国際事業部長だ。

「彼から『君のレベルでは働けるところがないよ。そうね、1社だけ採ってくれるかもしれない会社がある』と言われてここに来たのです」

当時25歳。前職ではピザ店で配達業務を行っていた。

「面接では開口一番、『朝まで働ける？』と聞かれました。『やってみないとわからないです』と答えましたね。そうしたら、『じゃあ、明日からおいでよ』と言われたのです。仕事の内容は全く知りませんでした」

決め手などなかった。何もわかっていなかったというのが本音だろう。それでも「ああ、これで決まるならいいや」と思ったというから不思議な縁だ。

そうやって彼を招いた笠原社長がその後、「君には才能がない」と言い続けたのだが、彼は辞めなかった。そして見事に、同社の柱の1本になった。

熊谷氏は、大学に7年在籍して中退したという。工学部の機械工学系の学生であったというから、それだけを聞けば、やっと「らしい」社員を見つけたという気になる。

「研究室に入らないと卒業できないのですが、8年目にも入れなかったので辞めました。授業料もあるから3月で辞めて、4月からバイト人生です。フリーターですね。それで菅野と同じ人に巡り合い、この会社を紹介されたのです」

最初に受けた会社はうまく行かず、2社目がサンケイエンジニアリングだった。

「笠原社長と3時間ほどお話をしました。ほとんどは沖縄の話でした。リゾート開発とか筏とか、サーフィンとか。僕の場合も『朝まで働ける？』という問いは確かあったと思います。『大丈夫です』と答えたと思います。そうしたら、『じゃあ、いつから来れるの？』って。25歳のときでした」

とは言っても決め手は2つあった。そのうち一つは「どこでもよかった」ということ。確かに立派な決め手かもしれない。そしてもう一つが、「社長がとにかく暑苦しかった」というもの。普通はそれで嫌になりそうなものだが、彼には暑苦しい＝熱い人がいいかなと思えたのだそうだ。相性というものだろう。

職人の弟子入りに似ているように思える。

最後に尾之上氏。「大学は卒業せず、海外に行ったり、バーで働いたり、ファッション関係の仕事など好きなことをやっていたのですが、大学卒業と同じ年、22歳からはちゃんと働こう思っていました」と言う。

結果としてやはり本間氏の紹介を受け、サンケイエンジニアリングの面接を受けた。

「この仕事がどうのこうの、ではないです。紹介されて、嫌ではなかったので、まずその仕事をちゃんとやってみようと思ったのです」と言う。あっけらかんとしているが、どうやらその考えは正しかったようだ。

そうは言うものの、全員コンタクトプローブの門外漢だ。不安はなかったのだろうか。

「先に入った人が『全然簡単だよ』と言うので、真に受けていました」（年本氏）

「入ったらやるしかないでしょう？　ダメだったら辞めればいい」（菅野氏）

「何でもそれなりにはできるだろうと思っていました」（尾之上氏）

楽観的なバカルテットが見事に勢揃いした。それぞれ縁もゆかりもない場所からやってきて、融合し、日々進化しながら、今では同社になくてはならない４本柱となった。

今までの経験、勉強がすべてではない。全くの素人でも、その気があればプロになれる環境がここにはある。その証がこの４人なのだ。

# 1日として同じ日がない彼らの日常

第1加工チームに所属する菅野氏の1日は以下のようなものだ。ちなみに技術センターの始業時間は8時30分。フレックスタイム制ではない。

・朝、その日に行う予定を張り出して、最大4人（仕事内容によって変わる）のメンバーに説明をする。
・機械に今日新しく行う作業のプログラムを入力する、あるいは確認する。
・前日からその日の朝までに加工が終わった製品を回収し、次工程に渡す準備をする。
・そこから夕方まで、その日の段取りをこなしていく。
・夕方に確認作業を行う。寸法の確認も行って終了する。

こう書くと毎日毎日同じことを繰り返しているようにも見えるのだが、これが全く違う。

サンケイエンジニアリングには、50台のＮＣ旋盤（加工機）がある（２０１９年10月現在）。そのそれぞれに日毎の製造予定が組まれている。同社の製品は多品種少量生産だ。既存の製品と言ったが何千種類とある。その中から1種類につき少なければ10個、多ければ数万個を作る。だから、一つのプログラムで1か月回りっぱなしといったことは少ない。長くても1週間、短ければ1日や3日でワンクールが終了する。50台のうち数台が数週間後まで予定が決まっている程度で、多くの機械は1週間後の予定までは決まっていない、毎日新しい予定が入る。


そのために作業者は始終、次の予定を確認する必要がある。

なぜならば、既存の顧客からのオーダーを待たせないように在庫を作っておくことも重要なのだが、それ以上に急なお客さんのオーダーに対応できることを優先するからだ。しかも、そうしたオーダーが実に多く、その1点1点でプログラムが違う。材料も図面も、必要な工具も同じではない。担当する作業者のスケジューリングもどんどんと変わっていく。

ちなみに製造工程であるが、第1次加工を行って次に検査を行い、不良品を省く。その後に熱処理や表面処理などを経て仕上げ工程（第2次加工）を行い、2次検査後、出荷処理に進む。

菅野氏の役目は、年本氏から引き継いだものだ。今の年本氏の仕事は、一概には説明がしにくい。少なくとも毎日のスケジュールを前もって記入することはできそうにない。

年本氏の名刺には、実際には存在しない試作グループという名称が入っていると言った。これは主に特注品の立ち上げを意味するし、新規の製造設備の開発も含まれる。加えて、外注先との調整・指示、品質管理や生産調整も任されている。

「図面段階から材料、組立、熱処理などの後工程、検査段階……すべての不具合の情報が持ち込まれます。それを調整するのも役目です」（年本氏）

ワンマンカンパニー、そんな言葉が脳裏に浮かんだ。まさに個人商店だ。

## 「イレギュラーがレギュラー」な仕事

熊谷氏は検査チームのリーダーを務める。検査には１次検査と２次検査があるが、前者では寸法を確認し、第２次検査では寸法チェックに加え、外観チェックを行う。寸法をチェックするにはノギスなどの工具や機械を使う。外観チェックには双眼の顕微鏡やルーペを使用する。

・朝、出社したらその日のスケジュールを確認して、メンバーに説明する。
・前日の各人の実績を集計されているデータから確認する。
・まずは２次検査を担当する各人から上がってくる各種の報告や相談に対応する。
・10時30分～11時ごろになると、その日の加工の第一陣が上がってくるので、１次検査で計量されたものを確認しに行く（品質確認）。
・時間的に余裕がある場合は、午前中の最後に翌日のために必要なデータ（何が入ってくるのか、必要なものは何か、使うものは何か）を生産システムから拾い出して確認する。

・1次検査に戻って、品質確認の続きを行う。

・社外にメッキに出すものの情報を確認して、生産システムに実績として入力していく。

・2次検査の担当者からのさまざまな質問に答える。すぐに答えられないものは確認する。

・検査後出荷ではなく、社内で組立をするものに関して、組立の担当者からの問い合わせなどに対応する。

・翌日のためのデータを作る。

加工した製品は、すぐに出荷するものと、先述したように在庫とするものがある。最初は在庫のつもりだったが、加工途中で追加オーダーが入って、在庫ではなく出荷に回すといった具合で、製品に紐づく情報が途中で変わることもしばしば。情報の更新と確認は決して忘れてはならないものになる。

尾之上氏の仕事は生産調整が主だが、その仕事のタイムスケジュールはタイトだ。調整の相手はチーム内のこともあれば、本社とのこともある。加えて、現在は組立チームにリーダー格の人間がいないので、その代行も行っている。品質についても年本氏のサブとして動いている。

「遊軍というか、ルーチンに当てはまらない仕事が私の仕事ですね」と笑う。

時期によって生じる仕事もある。たとえばＩＳＯの更新審査の対応などだ。また生産調整であるから、チームごとの状況を把握し、ヘルプが必要か、それとも抜本的な改善が必要かを常に検討している。工作機械の構成もテリトリーだ。工作機械の不具合、チームにおける人間の働きにくさ、そうしたことが持ち上がれば、その改善にも奔走する。さまざまなプロジェクトにも関係する。

「イレギュラーがレギュラーみたいなものですね」と、笑う。

客先も多く、扱っている製品も多品種。皆、一見同じもののように見えるがすべて仕様が違う。だから当然、調整すべきことが多い、特注品も多く、相談はひっきりなしだ。

「とにかく電話が多いですね。僕の場合は外注先の協力会社からの電話が一番多いかな。

もちろん社内からの電話もさまざまあります」と年本氏。

「これがこうなっているのだけど、困っているんだ」

「これはどうにか入らないのか」

「これはどうなっているの？　よくわからないんだ」とか。

もちろん読者の皆さんにはそう言われても何のことかわからないだろう。かくいう私もわからない。それどころか、電話を受ける年本氏ですら、第一声はほとんど「何のこと？」らしい。変化を楽しみ、イレギュラーにワクワクする、そんな姿を目の当たりにした。

## 投下された爆弾が、組織を未来に向けて歩ませ始めた

バカルテットの名付けの親は前沢氏だ。単に「バカルテット」という複合語を見出しただけではなく、それから先の同社の進むべき道、大切にすべきことを見事に具現化したと言えなくもない。

後にバカルテットと名付けられる４人衆がどうにかこうにか、求められる水準でものづくりができるようになった２００２年に前沢氏がサンケイエンジニアリングのドアを叩いた。その時の面接で、前沢氏は笠原社長を「10年後のビジョンを語ってください」と追及した。社長は、「それは語れない」と答えたと言う。すると前沢氏は「そんな人が社長をやっていていいんですか？」と畳みかけた。

すごい話だ。笠原社長は素直だ。「おっしゃる通りだ」と思ったそうだ。ただそこでこう切り返した。「その10年後を考えるために今、人材が必要なんだ」

笠原社長いわく、「とにかく前沢は生意気だった。だから、頭のどこかではリスキーだな、軋轢を生むだろうな、と思いつつ、でも、この爆弾、あるいは劇薬は絶対に今、わが社にとって必要だと思ったのです」

つまり、前沢氏が面接に現れたこと、一般的な会社であれば、決してお互いを認めるような出会いではなかったのにも関わらず、むしろ、だからこそお互いがお互いを必要だと思う、そんな出会いだったのだろう。

前沢氏の入社をきっかけに、サンケイエンジニアリングは、ここまで書いてきたような未来に向けて歩み出すことができたのだ。

「どういうことかと言うと、それまでの本社は、よく言えば家族的だけど、悪く言えば、まったりしていた。それを変えなくてはいけないというのがあって、うまくやってくれればそれが変わるだろうし、もし、うまくいかなかったらさっさと辞めるだろうなと思ったのです。案の定、いろいろと軋轢がありましたが、組織は明らかにいい方向に変わった。結果として、顧客からの信頼を得て、それまでよりも数段上のプロとして相談が受けられるようになりました。そして、測定器類を充実させて、しっかりとしたバックアップデータも

用意できる現在のスタイルが確立したのです」（笠原社長）

前沢氏が入社した翌年から、新卒の採用も始まった。すぐに多くのいい人材が押し寄せたというわけではないが、徐々に、バカルテットに続く優秀な人材が集い始めた。確かにサンケイエンジニアリングは変わり始めた。

## さらなる門外漢たちが自由を求めてやってきた

技術営業部のケースを見ていこう。営業部とあるが、モノを売りに行く営業はしない。客先から引き合いがあったもの、相談があった場合にそのオーダーを受けるのが仕事。顧客の課題を解決するためにどのようなコンタクトプローブ、あるいは治具や装置が必要かを考えていく。開発を伴う案件も少なくない。俗に言うソリューション営業だ。当然、打ち合わせが肝になる。

ソリューション営業を引っ張る2人を紹介しよう。

チームリーダーの石井氏と大神氏だ。技術営業部は5人で構成されるが、そのうちフロントを任されているのがこの2人。ただ、客先に打ち合わせに行くのは石井氏とサポート役の大神氏がほとんどだ。

客先での打ち合わせは日本全国、愛知、大阪、九州地方など。本社のある横浜からいうと遠方が多い。石井氏の場合、出掛けるのは平均すると週に３日。１週間、どこにも出掛けない場合もあり、月平均すると10日、つまり10件くらいになると言う。

「電話会議は基本的にしないですね。モノを見ながら話をする必要があるので。現地現物の世界です。現場の生産ラインを見せてもらわないとわからないことも多いですし」と言う。

大神氏が出掛けるのは特定のお客さんに限る。

２人とも、先に登場した４人同様、今の仕事には門外漢たちだ。石井氏は法学部出身で、大神氏も理学部出身。工学部出身で技術者になろうとしてサンケイエンジニアリングの門を叩いた人はほとんどいない。社史のコーナーで解説するが、笠原社長にしてから全くの門外漢だ。

この会社に入ったきっかけについて聞いてみた。

石井氏は元公務員。転職組だが、サンケイエンジニアリングに来たはっきりとした理由はやはり「ない」と言う。

「2年ほど公務員を務めて、何か違うと思っていました。そんなときにある紹介会社から紹介されたんです。一応、どんな会社かネットで調べたのですが、何をしている会社か全くわかりませんでした。ただ、当時の採用ページを見ていて、印象に残る社員インタビューがあったのです。志望動機の欄があって、何人かのもっともらしい答えが書いてあるのですが、ある人、実は今一緒に働いているメンバーなのですが、その人の答えが、『全く覚えていない』というもので、それが堂々と掲載されているわけです。ちょっと引いたのですが、同時に何か惹かれるものがありました。あのコメントがなければ、面接に来ることもなかったと思います。加えて面接で、製品にも仕事内容にも興味は湧かなかったのです。コンタクトプローブかどうかは正直、どうでもよかったですね。それよりも、何かおもしろいことをやろうとしている会社だなと思えたのです。はっきりしないビジョンに惹かれました」(石井氏)

やはり、ユニークな会社にはユニークな人材が集まってくるものだ。

「博士課程まで行ったのですが、就職をしたいと思うようになって、物理系の学生を募集している企業の説明会に行ったのです。企業は4社だったのですが、なかでサンケイエンジニアリングだけ明らかに雰囲気が違いました。他の３社は普通にスーツにネクタイ姿のビジネスマンが応対していたのですが、この会社は前沢さんと、石井が惹かれたコメントがホームページ掲載された恵比寿さんの２人。恵比寿さんはＴシャツに短パン姿。衝撃でしたが、あとの３社がＩＴやソフトウェア系の会社だったのですが、この会社だけものづくりの会社だった。それでこの会社に興味を持って、見学に来たら明るい会社で自由そうで雰囲気がいいと思ったのです。社長が語る豪放磊落な未来のビジョンも意気に感じる部分があって選びました。実際の社長は、『あれ？　結構、細かいじゃん』というところがありますけどね（笑）」（大神氏）

とにかく他社とは違う。自由闊達なイメージが人を引き付けているようだ。中にはこんな人もいた。

「連絡をして見学させてもらったのですが、機械を見ても何もわからなかったですね。ただ雰囲気は皆、バリバリやっている感じで好印象でした。自分の力を発揮できそうだったし、若いうちは一所懸命に仕事をするのもいいかなと思えた。自由な感じでしたし、何か命を燃やせそうな気がしたのです……いや、今もそのときとそれほどイメージのギャップはありませんよ」
石井氏も「裁量ですかね。それがありますね。やれるところまでやれる。やっていい。僕らにとってはそれが自由という認識なんですね」

## パターン化できない彼らの働き方

技術営業部にも、１年を通した決まった起伏といったものはない。突然、大きな案件が入ってきて、彼らいわく「お祭り状態」になる。忙しいときはとにかく忙しい。一つのオーダーが一つのビッグ・プロジェクトなのだ。

コンタクトプローブが基軸であることは変わらないのに、お客さんによって求めるものが違う。だから案件の性質はすべて違ってしまう。

石井氏の１日は次のようなものだ。

・8時40分～50分に出社。タイムカード（もある）を打ち、自席へ。パソコンを立ち上げ、メールチェック。今日の動きを確認する。
・9時にチームミーティング。挨拶と今日の予定の確認、必要な伝達を行う。

・引き続き、必要に応じて個別ミーティングを行う。その他テーマ別のミーティングを行う場合もある。
・9時30分ごろから自分の仕事に取り掛かる。
自分の仕事は主にメールや電話でお客さんとのやり取りを行うこと。担当のメンバーに描いてもらって図面や取ってもらったデータを報告したり、資料として送ることもある。

客先に訪問することも少なくない。遠方が多いので、アポがある場合は午前中社内で仕事をして、昼前後に出掛けることが多い。おおむね日帰り。帰りが19時を超えるような場合は直帰する。
・平均して退社は19時ごろ。

大神氏の1日は、以下のようなものだ。
・8時15分~20分に出社。1番乗りなので、窓を開けたり、プリンタの電源を入れたりもする。早く来るようになったのは結婚したから。以前は残業キングと呼ばれていたが、今は30分早く来て、1時間早く帰るようにしている。自己裁量だ。

・自分のパソコンを立ち上げ、パントリーでお茶を飲み、自席に戻って今日の予定を確認する。さらにメールを確認し、必要に応じて自分のスケジュールを変更する。
・9時からチームミーティング。仕事をメンバーに割り振る。
・9時30分ごろから自分の仕事に取り掛かる。
・週に1度くらい出張になるが、そうでない日はメールや電話対応に終始する。その日その日の案件だけでなく、ある期間対応している案件、特定の顧客の案件が多い。メンバーに加工や組立、測定などを依頼している場合は、その進捗管理や結果の確認を行う。

# 「何の話だ？」を自分のフィールドに持ち込んで解決する

実際、どのような〝案件〟があるのだろうか。それぞれが記憶に新しい案件をランダムに語ってもらった。

「『すごく細いコンタクトプローブとかってありますか？』という電話がありました。『どういう用途でお使いになるのですか？』とお聞きしても、よくわからなかったので、『何に当てたいのですか？』と聞くと、当てる部分の寸法を教えてくれました。『大きさが0・1㎜で、0・15㎜の間隔で空いているようなもので、それが200個くらいあるのですけど……』というのです。何だかわかりませんが、見知ったものよりもだいぶ小さいなと思いました。それで『特注で対応できるかもしれませんが、かなり難しそうです』と答えました。それだけ言って断るわけにはいきませんから、『図面を送っていただけたら社内で

検討します』と答えました。これなどは難しいほうの案件だと思います」（大神氏）

他社で断られて駆け込んでくる案件も少なくない。この分野でのラストリゾート（最後の拠り所）、いわば駆け込み寺がサンケイエンジニアリングだ。

「今の話のような『何の話だ？』というような案件は、そうは言ってもそれほど多くはありません。年４回程度で、結局断ることももちろんあります。簡単な例で言えば、たとえばカタログに載っているＣＰ25というブロ－ブの先端は２・５㎜なのですが、そこが３・５㎜のものはないかといったご依頼です。その場合は、値段も掛かるし、納期もある程度必要ですが、特注で対応できます。お客さんの説明をよくよく聞いていると、コンタクトプロ－ブの専門家としては、既存品だけで可能というケ－スもあります」（石井氏）

よく聞けばシンプルに解決できる案件と、最後まで「？」の案件は半々だと言う。サンケイエンジニアリングの商品に詳しい既存のお客さんの場合は、具体的な変更点を言ってくれることが多い。逆に、漠然とした内容で、「こういうことができないか？」と質問してくる新規客も少なくない。

電話はひっきりなしだが、実際商談に発展するような電話は１日に数件。既存客、新規客問わず、商談に発展するものは少ない、たとえば「コンタクトプローブを取り付けるときに何か特別の工具が必要か？」といった質問のことも多い。

難解な質問に対して、誰もワクワクするわけではない。それは当然だろう。

「面と向かって話せばわかることも、電話では何を言っているかわからないということも少なくありません」と口を揃える。

「潜在顧客の範囲は電気に関わる製造をされているところすべてなので、非常に幅広いのです。そのため、それこそ言語が違う。専門用語が違う。常識が違う。私たちはプローブのプロですが、それが当たる製品については必ずしも詳しくない。だから、いかに速やかに、こちらが話せるフィールドに話を持っていくかが重要です。しかし、電話ではやはり相手の言語がすぐには頭に入ってこない。だから、早い段階でアポを取って、実際にその人に会い、現場を知り、製品を見ることが必要なのです」（石井氏）

こういったプロセスは正にコンサルティングそのものである。

その上で、場合によっては慎重な受け方が求められる。「ここまでなら請け負えるが、ここまでするにはこのくらいの検証が必要です」などということになる。

「基本的に来た仕事は受けるのが社の方針です。ただし、プロとして、こちらができること、できないことははっきりしなさいと言われています。無理な場合は、お客さんにもその点を理解してもらう。リスクをわかってもらったうえで受ける。そこが通じない場合は受けるな、ということです」（石井氏）

## 顧客とのWIN-WINの関係とは

「相手のフィールドについて、その技術や役割などについて、勉強して知識があるに越したことはありません。実際、お得意先の仕事内容や付き合いの深い業界のあれこれについては当然、ある程度の知識やノウハウの蓄積ができていきます。しかし、初見の場合などは、付け焼刃の勉強はむしろ邪魔になることのほうが多い。コンタクトプローブにフォーカスすれば話はできるので、そのために必要な情報の切り分けさえできれば話を先に進めることができます。生半可で間違えることはない」と石井氏は言う。

何でも知っておくべきだ、予習は重要といった優等生タイプはむしろダメだ。優等生は勉強さえすれば、何であれ精通できるものだと勘違いする。その程度では、その道の専門家と渡り合うことなど到底できない。コンタクトプローブのプロであることに誇りを持ち、顧客の話を謙虚に聞くことが重要なのだ。

「入社当時、私はその優等生タイプでした。お客さんの扱っている製品の性質まで、何でも知りたがっていました。それで本を読んだり、ネットで調べたり……。その結果、中途半端な専門家気取りだったのですね。わかった気になっていた自分の認識とお客さんの認識がずれていることがあって苦労しました」という話も聞いた。

経営コンサルタントも同じだ。毎回クライアントが変わる。もちろん業界も違う。ＭＢＡの知識がそれでも役立つのは、業界が違っても経営の本質的な部分は同じだからだと言われる。半分は本当だが、半分はまやかしだ。業界ごとの違いは厳然として存在する。だからと言って、クライアントの業界知識を短時間で完全に身につけるのは無理な話だ。だから重要なことはどんな些細なことでも臆せずにクライアントに聞くことだ。もちろんそのためにはクライアントの信頼を獲得し、クライアント対コンサルタントの関係から、共に成果に向かって進む仲間の関係にならなくてはならない。クライアントをお客様扱いするのではなく、いかにして仲間にするか。どうやって一蓮托生の関係になるか。ここが何より大切だ。その上で自分が知らない部分は、相手に埋めてもらえばいい。クライアントとパートナーになれるかどうかが重要なのだ。

「確かに、そうなれるお客さんはいいですね。『我々はここを確認しますので、そちらは装置で、その部分を確認してください』などと言える。それができれば、それぞれの情報を突き合わせることで、早く解決策にたどりつけます。

特に、最近はコンタクトプローブだけでなく、治具の開発組立案件が多くなってきました。コンタクトプローブは部品なので、寸法が合っていてちゃんとできていればそれでいいのですが、治具の場合は1点ものの製品ですから、それだけでは済みません。試験をして調整をする必要があります。そうなると手元でやらないとダメなので、技術センターに任せっきりにできません。客先との関係もそうで、実際の現場で試験をしてもらい、必要に応じて調整するほうがスムーズです」（石井氏）

## ＴＭＳの導入がもたらせたものは果たして？

サンケイエンジニアリングでは２０１８年、「正しい組織」を作るために、トヨタ流マネジメントシステム（ＴＭＳ：Toyota way Management System）を学び、導入を始めた。ＴＭＳについてここで詳しく説明はしないが、自律型のマネジメントを実践レベルで導入することができるプログラムだ。トヨタ自動車から生まれたものなので大企業向け、さらに言えば製造業向けなのだが、中小規模の企業にも応用が利く。

このＴＭＳを導入したことで、組織力ならびに生産性向上、業務効率化において、多くの変化がサンケイエンジニアリングに生まれつつあるようだ。

サンケイエンジニアリングの生産性向上の最初のターニングポイントは２００９年だという。ある自動車メーカーの工場長であった下條氏を招聘した年だ。彼が技術センター構築の第一歩を担った。それまでの素人っぽさの残る、中小企業の工場経営が生まれ変わったのだ。その後を継いだのが現工場長の山下氏。2017年に下条氏から引き継ぐ形で工場長に就任した。彼もまた、下条氏と同じ自動車メーカー出身で、ある企業の経営にも携わったが、その会社のミッションを終了した後に、下条氏の紹介で会った笠原社長が、「だったら、うちにおいでよ」と言って来てもらったという。この人が技術センターのシステムや組織をきっちり仕上げた。だからTMSの導入がスムーズにできたのだと年本氏は力説する。

「僕らは彼らから5Sとか年度計画の重要性について学びました。TMSは、トヨタ生産システムが土台ですが、TMS・TPS検定協会がホワイトカラー向けに焼き直したものだと理解しています。精度よく仕事をしましょうということだと思うのですが、幸いにも事前教育があったから、TMSにもすんなり入れたのだと思います。少なくとも技術センターの社員はそうです」（年本氏）

「それまで、誰かが忙しくて手が回っていなくても、どうしていいかわからなかった。誰が何をやっているのかがわからなかったからです。自分の仕事にしても、お客さんといろいろと対応しているものを簡単に誰かに後を任せることもできません。だから、チームで動く。そのために仕事を標準化しようという気持ちはあっても、ＴＭＳが導入されるまで、具体的に動くことができませんでした。効率的に助け合うことができなかったのです。ちょうどＴＭＳが導入された時期に入社３年目で自分がチームリーダーになったので、『なんでこの時期に？』と最初は思いましたが、今ではすっかりその気になってしまいました。ＴＭＳを学び浸透させることで、強力なチームワークを発揮できる効率的な組織にしたいと思っているところです」（石井氏）

サンケイエンジニアリングの仕事と、トヨタ自動車の仕事は違う。少品種（サンケイエンジニアリング）に比べれば、だが）大量生産と多品種少量生産では、仕事の仕方が大きく違う。だから、導入、定着は決して簡単ではない。たとえばトヨタ自動車では、メンバーの融通が利くように仕事が設計されている。だから人を入れ替え易い。しかし、コンサルタントは違う。多品種少量生産を担う職人も違う。そんな違いを理解した上で、より助け合える、カバーし合える組織を目指しているのだ。

「確かに、ＴＭＳの導入には苦労しています。最初は仕事の標準化なんかできないと思いました。僕らの仕事は型どおりやっても、何もよくならないとさえ思えました」と３人が口を揃える。

　実は私も野村総合研究所時代にコンサルティング業務の標準化に挑戦した経験がある。「コンサルティングはアートである」、当時の私たちは誇りを持ってそう考えていた。我々の仕事はすべて一品ものの芸術品。標準化なんてもってのほか。これが当時の風潮だった。ところがよくよく分析すると、業務の7割は標準化できるとわかった。その部分を標準化し無駄を省くと成果が出る。何よりも時間短縮が図れる。差別化は残りの3割で行えばいい。ただし、そこまでするのに数年掛かった。しかも、そこまでしてなおかつ、コンサルタント間で仕事を融通し合うことはできなかった。仕事をモジュール化したので、モジュール単位で仕事を任せることはできるようになったが、モジュールがわかっても、知らない業界でいきなり仕事をすることはやはり難しかった。

　2人は言う。

「僕らの場合はそこまでの話ではなく、個人の仕事を極力見える化したというレベルです。しかし、それでもかなり進化しました。これでやっと、ある程度マニュアル化ができるようになりました。ただ正直に言えば、自分はどちらかと言えば自己中心的で、リーダー向きとも思えなかったので、ＴＭＳの導入もできるとは思えなかったのですが、その立場になってしまったのです」

ＴＭＳ導入に懐疑的だった石井氏が、今ではＴＭＳ導入の立役者だ。立場が人を作る。いや、立場が人の本質を引き出す、ということだろうか。立場が石井氏の成長を促したのかもしれない。いずれにしても、その本質を見抜く力が経営者には必要になる。

## サンケイエンジニアリングの今は「過渡期」

ＴＭＳは実際、どのような変化を生もうとしているのであろうか。

「正直、仕事のしにくさみたいなことを感じることがありました。何かやりにくいなと。それはこの会社の伝統的な部分というか、社長はじめ、一部のできる人が強烈なリーダーシップを発揮して成長してきた会社なので、その中で正義として確立してきた文化というか、やり方みたいなものがあった。僕たちは、ＴＭＳを武器にして、旧弊たる部分を壊していかなければいけない。それはもちろん、並大抵のことではありません。ただ、ＴＭＳというきっかけ、ツールを使って、社長をはじめとする今までこの会社を引っ張ってきた人たちと腹を割って話ができるようになったのです。その結果、常識の違いや認識のずれ、お互いに誤解もあったということがわかってきて、徐々に進んでいく方向性を揃えることができつつあります。仕事の進め方というよりは、どうだろう、組織の在り方ですかね。

改めてチームビルディングが必要だという結論です」（石井氏）

　まだまだ変わらなければいけない点は残っている。

「変わらなければいけないということはわかったけど、そこに全然追いついていない」と石井氏は言う。大神氏は「課題が山積みだ！」と言う。

　これまでは個人の力に頼ったハイパー職人主義。仕事が属人化されていて、強力なリーダーシップの下に一人ひとりの職人が会社を動かしてきた。そこにＴＭＳが入ることで組織化されてきているというのが同社の現状だ。

　もっとも、そこには軋轢も生じる。この瞬間、変化を楽しんで新しい会社を作ろうという人にはわくわくする状況だろうが、誇り高き職人にも、変化が苦手な組織人にも必ずしも居心地が良い状況ではない。それがサンケイエンジニアリングのリアルだ。まさに過渡期。ともに変革をやり遂げることに喜びを感じる人、変化を受け入れられる人が今は似合うのかもしれない。

## 大切なのは人間関係の良好さ
## コミュニケーション力こそ最重要

どんな仕事が印象に残っていますか？　という問いに対して、「正直言うと、仕事の中身はほとんど覚えていないのですよ」と石井氏は言う。

一つひとつの案件そのものにはあまり興味がないのだ。

「もちろんうまく行かなかった部分は反省するし、次にそれを生かさなければいけないので、自分は何を間違えたのか、どうすればよかったのかは考えます。ただ、仕事そのものがうまく行ったか行かなかったかはあまり覚えていません。そういうことよりはむしろ、仲間との間に軋轢を生んでしまったとか、どちらかと言うと、人間関係の反省のほうが大きい。そういう場合は何か動き方を間違えたわけです。では、どうすればよかったのかと考える。誰かの言ったある言葉をすごく軽く聞き流してしまったことで軋轢を生んだとい

うことを後になって気づき、反省するといった具合です」（石井氏）

リーダーとしての成長には最適の振り返り方だろう。仕事そのものについては、実際に経験を積んでいる。意識せずとも、身体に、筋肉に、脳に、心にノウハウが刻まれているのだろう。だから、意識するのはリーダーとして心を砕くべき、人間関係ということなのだろう。

「自分も、日々、多くの案件が来るので、それをどんどん処理していくことにフォーカスしているので、どの案件がどうのというところはあまり覚えていないですね。

直近で嬉しかったのは、難しい課題ではあったのですが、しっかりと話ができるお客さんからの案件で、試作をしていろいろ実験をしていきたいという話で、苦労して装置を作って納めたのですが、「うまく行きそうです」という報告をわざわざいただいた。これは嬉しかったですね。

実は、納めたものに関して、フォローができないことが多くて、納入した機械がうまく働いているのかどうかわからないときもあります。クレームがないのでうまくいったのだろう、リピートの発注があるから大丈夫なのだろうと類推するしかないときもあります。

お客さんが実際にどの程度満足しているかはわからないので、生の声が聴けるのはありがたいです」と言う担当者もいる。

「入社した当初はできなかったことが多少できるようにはなっています。それこそ入社当初は、お客さんとのやり取りが苦手で仕方がなかったのですが、そんなことは言っていられないので、やっているうちに、慣れてきましたね。

治具の開発製造を主にやっていたのですけど、一番嬉しいのはお客さんとの打ち合わせから初めて自分で図面を引いて設計をして、注文になった瞬間ですね。実際にはそこからが本当の勝負になるわけですけど。まずは嬉しい。それでしっかりとしたものができて納品できたときは、もう少し地に足のついた達成感を味わえるという感じですね。さらに、納品したものがうまく使えていると知ったときは、ほっとします」（大神氏）

サンケイエンジニアリングの働き方はいま、大きな転換点を迎えている。今までの個性的な職人たちが「直感と徹夜」で成果を出してきたところから、仕事を科学するプロフェッショナル集団への転換だ。

「イレギュラーがレギュラー」な環境で業務の標準化を行うのは並大抵なことではない。しかし、変化対応の標準化は可能だ。これは新たなコミュニケーションスタイルの創造と言えるかもしれない。そしてこのチャレンジは社員に大いなる成長を促すと同時に、会社自身も大きく進化するきっかけとなっている。

コラム

# サンケイエンジニアリングの組織

（図表3）が株式会社サンケイエンジニアリングの組織図である。組織は大きく本社と技術センターの二つに分かれる。従業員数は2019年10月1日現在63名。おおむね、技術センターに40名、そして本社に20名が所属している。

## ●本社

本社には、技術営業部に加え、国際事業部、管理・業務部、経営企画室がある。

### 技術営業部

本社にあるメインのプロフィットセンター。仕事内容は第4章で説明してもらったとおりだが、一応整理しておくと、設計・開発チームは（設計）新製品設計と評価、製品設計（図面作成）、工程設計、設計検証、さらに（開発）新製品の開発設計、新造工程の研究開発、

（図表3）株式会社サンケイエンジニアリング　組織図

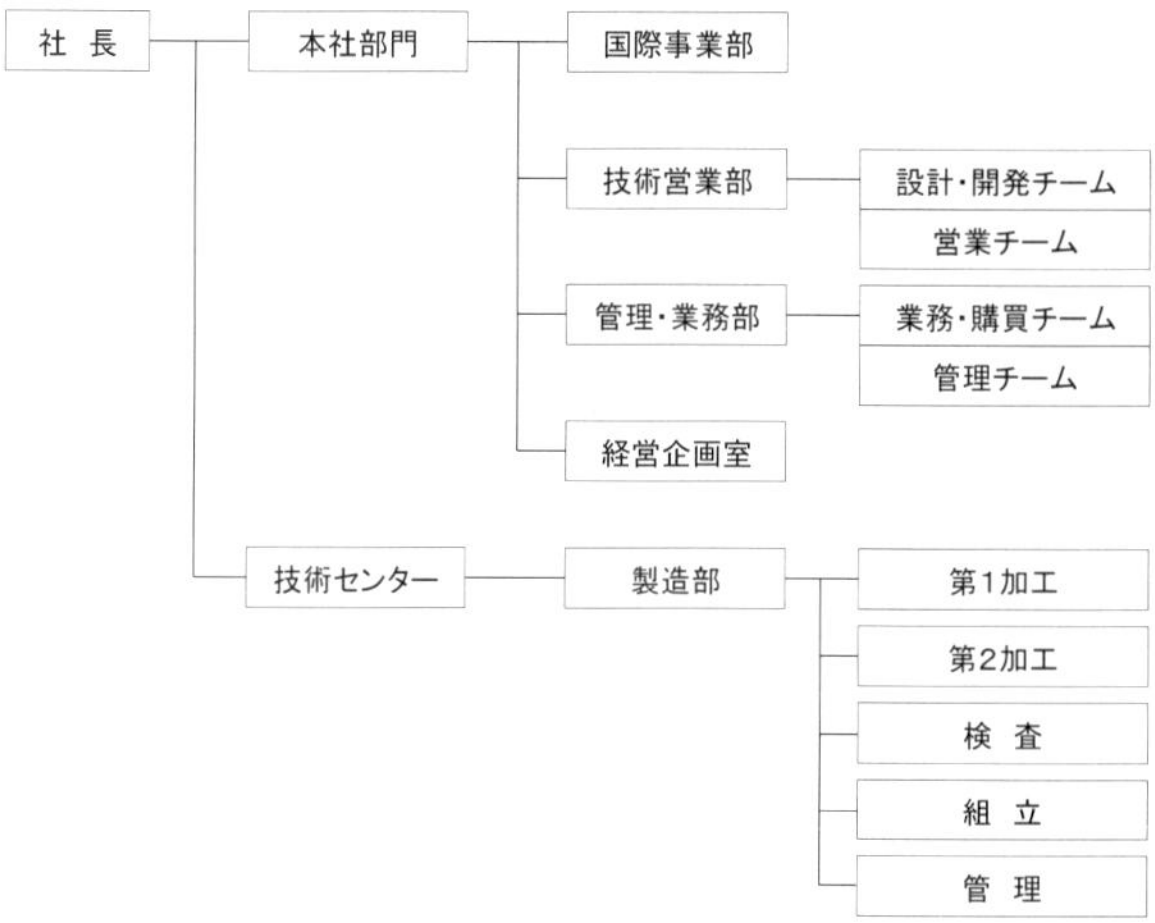


新規素材の探求を行う。営業チームは注文の受諾、クレームの受付・管理、顧客所有物の管理、見積業務、顧客満足度調査、顧客要望事項変更の受付、顧客／市場情報の入手活動を行う。この二つの機能は現状、明確に担当が分かれてはいない。現在は5名でこの業務をこなしているが、フロント2名、バック3名のフォーメーションで全体の業務を行っている。そしてこれからは「電気測定に関するあらゆる悩みに解決できるようになること」を目標に掲げている。

**業務部**

技術営業部を支える重要な部署が業務部で

ある。サンケイエンジニアリングの製品であるコンタクトプローブの標準品および特注として製作した製品のリピートの受注とその出荷、および製造手配を一手に引き受けている。この部署なくして技術営業部は存在しない。同時にサンケイエンジニアリングの日次の売り上げ、利益をコツコツと積み上げる、重要な部署である。当該部署は全員女性。入社歴10年以上という女性社員を軸に家庭と仕事を両立している社員ばかりだ。

**国際事業部**

海外向け半導体の専門営業担当一人と、半導体計測器具、半導体・LCD検査機器等の開発・製造・販売を行う日本有数のメーカーに在籍していた担当者が一名、所属している。いずれも笠原社長が招へいしたプロフェッショナルで、適材適所で活躍している。

さらにもう一人、山梨県にある医療分野向け装置組立・自動化などを担う会社に、サンケイエンジニアリングの組立装置とともに常駐し、同社向けビジネスを一手に引き受けているプロフェッショナルがいる。大手光学機器メーカー出身の半導体関係の装置設計のプロだ。

「どこにいても活躍できる力を持った人材として育つことができれば、その人の特性や性格を加味したさまざまな働き方ができるのです」と笠原社長は言う。

**経営企画室**

開発研究とデジタル課、人事採用部門がある。いずれも会社の未来を創る重要な職務を担っている。同時に同室は新入社員の教育機関でもある。新入社員は必ず当部署にまず配属され、適正を見極めたうえで他部署に配属されていく。社会人としての基礎を創る重要な部署である。

同室の前沢室長は言う。

「今、私たちが一番必要な人材は同社の未来を一緒に作ってくれる人材です。その未来を、技術的視点で切り拓くのか、あるいはビジネス的視野で切り拓くのか、それはどちらでも構いません。あくまでも現行のビジネスの延長ではなく、何か新しいことを始めてくれる、そうした人材を求めています」

## ●技術センター

現在のサンケイエンジニアリングのものづくりを支えているのが技術センターだ。技術センターは大きく5つのグループに分かれる。第1加工、第2加工、検査、組立、そして管理サポート。それぞれにリーダーとメンバーがいて、全体のトップとしてセンター長がいる。

第1加工は材料から加工機（NC旋盤）を使って1次加工をするチーム。第2加工は仕上げ加工をするチーム。検査にも1次検査と2次検査がある。第1加工の後に行うのが1次検査。仕上げた加工の後に最終的に行う検査が2次検査。2019年10月1日現在の人数は、第1加工5名、第2加工5名、組立8名、検査は第1次検査が2名、第2時検査が7名。そのほかに各グループにリーダーがいる。

# サンケイエンジニアリングの
# 45年史

## 設立前

創業者は現社長、笠原久芳氏の父親・恒夫氏。恒夫氏はある半田関連の会社の社員だったが、1964年にはんだ槽メーカーを自ら設立。前職の社長からは、退社時に株を渡されていた。添えられた言葉は、「お前はサラリーマンには向いていないから、自分で会社を興せ。ただ、今までの功績に報いるために株を渡す」というものだったそうだ。恒夫氏は韓国や台湾に関連会社を持つなど、自社の業績を伸ばしたが、1974年、オイルショックのときに業績悪化の責任を取って自身が創業した会社を辞することになる。

## 1975年
## ●株式会社サンケイエンジニアリングを設立

設立場所は神奈川県横浜市の自宅。元手は300万円。出資者の二人は同姓でイニシャルはK。笠原のKと合わせサンケイ（エンジニアリング）と名付けたそうだ。3００万円は、１００万円で見本となる現物（コンタクトプローブのサンプル）を設計し、ファブレスで製造、１００万円で業界紙に広告を打った。そして残りの１００万円は、問い合わせがあったところに出かけていく交通費だった。広告を見て問い合わせがあった会社を訪問して、サンプルを見せて営業した。問い合わせのあった会社はすべて訪問したそうだ。

## ●アウタースプリングタイプのコンタクトプローブの販売を開始

### コンタクトプローブを選んだ理由

当時、アメリカ製のコンタクトプローブが主流だったが、高かった。恒夫氏は「これからは検査の時代になる」と考えた。それまでは、はんだ槽の設計製造などを行ってきたが、装置やユニットは「人食う、金食う、場所食う、時間食う」。開発設計をして、作って売って、調整をして、やっとお金になるがこれで終わりではない。

維持メンテで手間が掛かり続ける。かさばるので輸送賃も掛かる。いかにも大変だから、正反対のやり方は何かと考えた。つまり、作る手間がなく場所を取らない、運賃が安い、売り切りで維持メンテがいらない。要は小さくて、消耗品で、他人が作ってくれるもの。それがコンタクトプローブを選んだ理由だ。少ない資本で開業できて、維持するためのコストが少ないという点もよかった。

恒夫氏は以前からコンタクトプローブの存在を知っていた。アメリカやドイツなど、プリント基板の検査機器の展示会場を回った。当初は輸入するつもりだったので、そのための視察だった。眼鏡にかなったのはアメリカ製とドイツ製。アメリカ製は今のインナースプリングタイプコンタクトプローブの原型だが、すでに何社もメーカーがあって競争が始まっていた。後発で参入するのは難しい。ドイツ製は性能はいいが、いかにもごつい。結局自分たちで作ることにして、現在の同社のコンタクトプローブの原型を自ら設計、独自に開発した。アウタースプリングタイプというもので、インナースプリングタイプや当時のドイツ製の同種のものよりもシンプルな作りだった。

現社長の笠原久芳氏は父・恒夫氏から言われたことをよく覚えている。

「小学校のころから言われていたのは、『自分以外は信じるな』ということでした。逆に言えば、『自分を信じられる人になれ』ということです。その頃から私の友達に対して、母親が「うちの笠原がお世話になっています」という言い方をしていたのです。すでに一人前の扱いなんです。それはある意味突き放した見方なので、私はそういう親を冷たく感じていました。『あなたはどう思う？』とよく言われていました」（笠原久芳氏、以下同）

「私が成人してから操業当時の話を聞いて尋ねたことがあります。『親父さ、なけなしの金を全部使って失敗したらどうするつもりだったの？』と。答えは極めてシンプルでした。『そんときはそんときだ！　なんとかするさ』。働いて資金をつくって会社を興す。これが今に続くサンケイエンジニアリング・スピリッツかもしれません」

また、

「装置と工場は人とお金で苦労するから絶対やるなと言われていました。後日、喧嘩もしましたが、父は自分でものを作ることと、人が集まった時の経営の大変さを知っていた。失敗もしていたので、ずっと内製化に反対していました」

**取引先が徐々に拡大。デンソー、日立製作所、三菱電機、松下電器産業(当時)、アルプス電気、村田製作所、TDKなど、家電メーカー、部品メーカーの多くと取引をするようになる。**

## 1989年

## ●笠原久芳氏が入社

26歳で現社長の笠原が入社した際には、品川区高輪のマンションを2部屋借りていた。1部屋が社長室、もう1部屋が事務室。社長である父親のほか、母親が専務で経理を担当。経理にもう一人、受注担当が一人、発注担当が一人の計5人。父親である社長が営業を担っていた。小規模企業だが売上は2億円ほどあった。

## 笠原久芳氏の前史

前職は西武百貨店。琉球大学理学部海洋学科出身。リゾート開発に携わるのが希望だった。西洋環境開発に入るつもりだったが、直接の採用がないということで親会社の西武百貨店に入社。物販の担当からクラブメットのカウンターを任され、さらに旅行の企画と外販とだんだんとリゾートに近づいていったものの、このままでいいのかという迷いを感じ始めたころに、父親から「心臓のバイパス手術で入院するので会社を手伝ってくれ」と声が掛かり、1年程度の腰掛のつもりでサンケイエンジニアリングにやってきた。もちろん、会社の事業に関しては門外漢だった。何かあれば父親に連絡を取る留守番のつもりだった。

## 1991年

### ●笠原氏、腹をくくる

先述した家電・部品メーカーのほかに、名だたる自動車会社からの問い合わせも増えていった。入社直後の笠原氏（以下、笠原久芳氏のこと）は「なんでこんなちっぽけな会社に、こんなにそうそうたる会社から相談が来るのだろう？」と不思議に思った。多分、他に代替が利かない製品なのだろうと考えた。腰掛で留守番のつもりだったが、これはもしかしたらすごいチャンスなのではないかと思うようになる。**「リゾートのデベロッパーになるより、末は自分のお金でリゾートを作れるかもしれない！」**

仕事はスタートしたものの、とにかく全く知識がない。問い合わせに即答できるはずもない。

まだ電子メールの時代ではない。顧客からのコンタクトは電話かファックス。電話の場合は居留守にするしかなかった。社員に内容を聞き取ってメモに書いてもらった。あるいはファックスの文面。いずれにしても文章を読んで理解しようと試みた。知らない単語にマーカーを塗ってチェック。関連図書を買い込んで理解しようとした。そのときのコツは一番わかりやすい初心者向けの本と専門家向けの本を両方買うことだった。最初に買った本は高校生のための物理。

それで顧客の言っている内容をある程度理解してから先方に電話を掛ける。相手は技術者で親切な場合が多いから、間違った認識は訂正してくれたそうだ。

「知ったかぶりはばれるが、理解できる知識は持っていると思ってもらわなければいけない」と学んだ。

当時買い込んだ本は、今では社内図書館となっていて、必要に応じて社員がそれらの本から学んでいる。

「勉強してません」「教わっていません」はご法度。プロはそういうことを言ってはいけない。サンケイエンジニアリングには、そういう言い方をする社員はいない。

「そういう人間は皆、辞めていきました。実際どんどん新しい案件がきますから、知らないことの方が多い。そういう場合は、周りに聞きます。先輩が、あるいは私が答えられることにも限界があります。あとは自分で調べろと言います。自学自習の文化は根付いています。大切なのは、知識を教えるのではなく、学び方を教えることだと思っています。ただし、考えて出した答えについて、ディスカッションは必ずします」

## 1992年
## ●組立装置を開発して、協力会社に納品

当時、笠原氏の肩書は技術営業だったが、ほかに誰一人技術も営業もいなかった。営業を頑張れば注文は増えるのだが、今度は納期が間に合わない。父の作ったビジネスモデルはファブレスだったから、実際の製造は協力会社で行っていた。ここが十分にコントロールできない。

さらに、仕事に没頭し、自分の目が肥えてくると、顧客のニーズと自分たちが供給できているものの間の品質ギャップが見えてくる。納期に加え品質問題も抱えることになった。

これまで手動で行っていた作業を自動化することで納期は短縮できると考え、4000万円を投資して自動組立装置を導入した。設計はメーカーが行ったが、事前に仕様の打ち合わせを密に行った。

「そこで初めて自分で機械に触れました。当時の協力会社さんが手動だったのです。自動化には乗り気になってもらえなかったので、自分で加工から組立、検査まですべて覚えました。そもそもその前から納期前には手伝いに行っていたので、ある程度はわかっていましたが、装置を作ることにしてからより深く学びました」

ただ、その装置の開発にも時間が掛かった。あるメーカーが検討してくれたのだが、「めどが立った」という返事をもらったのが相談開始してから1年間後。完成にはさらに1年半が掛かった。しかも、やっと納品された機械は、とても完成品とは言えない状態だった。それでもそれを協力会社に納品したのだが、全く使ってもらえなかった。

「使いにくかったのも事実です。うまく調整もできなかったので、その装置は結局、放置しました」

その過程で1点、重要なことが判明した。組立の自動化がうまくいかないのは、部品の精度が低いことも原因の一つだった。つまり、自動化を進めようと思ったら部品から考え直さなければいけないということになる。部品は仕入れているが、その品質をなんとか高めないと先に進めない。

## 1996年
## ●技術センターを設立（神奈川県川崎市）

そこで、新たな協力会社を探し始めた。青森から鹿児島まで回った。それでわかったことは、自分が満足する部品を加工しているところの売値は、自社の完成品の売値より高いということだった。そうでないところは品質が悪い。ジレンマだ。結果、部品の内製化を考えるようになった。ファブレスからの戦略変更である。内製化によってこのジレンマを解決できれば、圧倒的な競争力を得ることができるからだ。ただ、父親の説得が大変だった。工場経営の大変さを知っていてファブレスにした人であるから、それもそのはずだ。「採算が合うのか？」と聞かれたが、答えられなかった。何とか押し切り、工場管理について勉強し、技術センターの設立を決めた。父親は最後には「お前、そんなにやりたいのか。やらないとダメなのか。だったらやれ」と言ってくれた。

部品を内製化する。そのためのCNC自動旋盤、NCフライス盤が必要だった。さらに、部品から製品を作るための正確に動く組立機も必要だ。そのためには、1億円の融資が必要だった。契約の日、父親に「実印を持ってこい！」と言われた。「俺は押さないからお前が判を押せ」と言われる。手が震えた。覚悟を試された。それまでは組立機のリース代以外、借金はなかった。初めての大口の借金だった。ただ、実は機械はすべてリースを組んだ。1億円を看板に、リースを組むことができたのだ。

しかし、せっかく導入した機械もプログラムをセットすればそれでいいというものではなかった。

笠原氏の肩書は増えて、技術センター長兼技術営業となる。技術センター（工場）とは言っても、人員は笠原氏のほかにあと一人だけ。どちらも技術は素人同然だった。それでも、そういう会社に経験者はなかなか来てくれないから、自分たちでやるしかなかった。

「お金があれば、いい機械といい工具を買って、プログラムも買えるから、それで始められる。品質も担保できると思っていたのですが、全然ダメでした。最初の年の良品率は3割ほどでした。これは大変なことを初めてしまったと思いました」

2年目に「これではいけない」と思い、改めて外注先となる新しい協力会社を探した。1社見つかった。同社にはある会社の機械があった。その機械で試作してもらうと、良品ができた。

「なんだ、機械のせいか！」とわかった。自社でもその機械を導入すると、良品率が大幅に上がった。もちろん、それまでの機械を使い倒してきたことで、操作する側にノウハウや技術が蓄積されていたという面もある。

その後、同じメーカーの機械を使うと、品質でその協力会社を凌駕するようになったというから、同社の恩恵は大きい。

3年間、365日、24時間働き、勉強もした。工場に社員の友人や知り合いなどを集めて、仕事をしていたがしまいには皆、退社していった。それでもその都度人をかき集め、自転車操業でビジネスをつないだ。

## ●技術センターを横浜市都筑区に移転

1998年

それまでは仮工場で社屋はお世辞にもきれいとは言えず、小さな小屋だった。採用広告を見て応募し、工場見学に来た応募者もそんな工場を見てUターンして、帰ってしまった。たまたまその仮工場の契約更新ができなかったので移転する。

「96年からの3年間は本当にきつかった」と振り返る。

## ●本社を港区港南に移転

1999年

## ●ものづくりバカルテットの誕生

1998年〜2000年

年本、菅野、尾之上、熊谷の４人が相次いで入社。

まず98年に年本氏が入社。

先輩がいきなり来なくなったという話はしたが、その時に困った年本氏が笠原氏に電話する。

「笠原さん、○○さんが来ないんです。彼が来ないと機械を動かせません」「来ないと言われてもなぁ。どうせ待っていたって動かないんだろう？　いいよ、君でいいから動かして」「ええ？」「どっちに転んでも動くか動かないかだから、壊れても構わないから動かして」「（絶句）」

これがそのときの会話だ。

見よう見まねでなんとか年本氏は機械を動かす。

ところが、動くと知ると、笠原氏の要求は日増しにそのレベルを上げた。「確かに、そのための技術センター設立だった。しかし、当時はまだ年本氏にそれに応える腕はない。試行錯誤の結果、注目したのは工具だった。あるとき、スイス製のある高級チップを、日本にあるだけほとんど買い占めたことがあった。そのチップの代金だけで月に200万円ほどになったので笠原氏も驚いた。良いものを作るために後先考えない文化が当時はあった。

そのうちに年本氏はあっと言う間に腕を上げ、加工技術は目覚ましく上達した。

## ●徐々に人が揃い始める

本格的に採用広告も打ち始めた。本社サイドの人員も揃い始めた。紹介により2000年に菅野氏、2001年に尾之上氏と熊谷氏が入社し、バカルテットが完成。

「工場っぽさが出てきましたが、超ブラックの時代が続きます。正直、加工はできるようになったのですが、不具合がまだ多かった時代です」

## 2001年
## ●大クレームを契機に社員を大切にする組織を目指す

ある取引先から大クレームがきた。笠原氏が家族連れで沖縄旅行中に電話が鳴る。クレームの原因は、スプリングの荷重が規定値より10gほど低いというものだった。不具合はそれだけが原因ではなかったが、すべての責任を負って直すこととなった。通常3か月くらい掛かる仕事を1か月でやらなくてはいけなかった。外部の人を作業員として1日当たり15人ほどお願いしていたのだが、あまりの激務に次の日には数人しかこない。毎日新しい人を送り込んでもらうしかなかった。社員ももちろん総動員だったが、こちらは誰一人として逃げ出さずに、最後までやり切った。

「今回ばかりは社員からたくさん文句を言われるなと思っていたら、そうではなく『笠原さん、よかったですね』と労いの言葉が多かったのです。無意識に社員を道具としてみていた自分に気づかされた瞬間でした。このことをきっかけとして私は、社員のために存在する会社を意識するようになりました」

社員が協力して戦う組織が芽生えた瞬間だ。

## 2002年
### ●前沢氏入社

中途採用で前沢氏がやってきた。

笠原氏は無意識だったと言うが、20人ほどの応募者がちょうど男女半々だったので、それぞれに分けてグループ面接を行った。この方法に前沢氏が異議を唱えた。

「なぜ女性しかいないのですか？　そもそも女性と男性を分けること自体、ナンセンスなんじゃないですか？」

笠原氏もそのとおりだと思った。自分は「無意識で男性と女性を分けているんだな」ということに気づかされた。

前述したように、前沢氏に「10年後のビジョンを語ってください」と言われて、笠原氏は「それは語れない」と答え、「10年後を考えるために今、人が必要なんだ」と切り返した。

「私は社長が10年後を語れなかったからこの会社に来たのです。『だったらこの会社でやることがいっぱいあるじゃん』と思ったのです。私は組織づくりがやりたかったので、この会社はうってつけでした」（前沢氏）

この決断は功を奏した。

## 2003年
## ●新卒の採用をスタート

その1年後に新卒の採用を始めたが、実際には2004、2005年に入社はなく、2006年が第1号の入社の年となった。現在、技術センター組立課で中心人物になっている高瀬氏である。

**2004年**

**●笠原久芳氏が代表取締役に就任**

**2006年**

**●神奈川県横浜市港北区に本社移転**

**＊本社内にラボを設け、技術コンサルティングを本格化**

**＊「赤・黒・銀」のコーポレートカラーの導入**

**赤＝情熱　黒＝強い意志　銀＝輝く叡智の意味を込めて、未来へ向けて掲げた。**

「品川から新横浜に本社を移転するきっかけが新卒の採用です。2006年入社の採用の際に、『この人だったらいいいな』という人がいたのです。私が語った未来の話に惹きつけられたのだと思います。ところが会社に来た瞬間、壮大な未来の夢と現実のあまりのギャップにその候補者は落胆してしまった。すべてはそこで終わってしまい、面接もできませんでした。そのときに反省したのです。それまで、『ものを作ってなんぼだ！』と言い続けてきました。そう言って、肩肘張ってきたのです。しかし、人が集い、そこに希望を見出せない会社はダメなんだという決定打をその子にもらったということです。即断で本社移転を決めました」

＊ちなみに、ここで言う未来の話とは、前沢氏に言われて考えるようになったわけだが、しっかりとした計画ではなく、社長の夢であったが、その話に人を惹きつける力があったのだ。

しかし、本社移転に伴い、それまで働いていた人の半数にあたる4人が辞めた。当然、通勤が不便になるという理由もあったが、それだけではなく、社長が会社を変えようとしていることに気がつき、そこに自分の居場所はないと判断したからのように思える。

一方で残った社員ももちろんいた。現在でも業務課で活躍している石井氏と遠野氏である、自分たち以外が新人、という状況になり、かつ増える業務もこなしながら教え続ける日々は大変だったそうだ。

そして、先に示したように、この年から大学新卒社員の採用が本格化した。新横浜に本社を移した効果が大きい。社屋のイメージである。

**●測定に関するシミュレーションソフトの開発に着手**

**●神奈川県横浜市都筑区に技術センターを移転**

**●微細加工分野の研究・開発に着手**

**●海外向けの販売数増加に伴い、生産量を増強**

**●ドイツの展示会に出展**

## ●中国人やインド人の採用も行う

「2006年から2008年のリーマンショック後までは、将来、どういう方向に進むべきかさまよった時期です。このまま深掘りするのか、広く展開するのか。もろもろ考えを巡らし、試行錯誤をしていましたが、そのすべてがリーマンショックで打ち砕かれました」

「ただ一つはっきりしていたのは、海外進出は絶対に必要だということでした」

「新しいビジネスを作らなければいけないとも思っていました」

半導体を扱うきっかけとなる人物を採用するが、半導体分野に進出するきっかけはリーマンショックだった。

2007年

**●受託測定とプログラミングを担う渡邉氏の入社**

**●受注業務を支える存在となる柳川氏の入社**

2008年

**●海外営業を担う国際事業部の事業部長として、総合商社出身の本間氏入社**

右も左もわからない海外販売の構築が加速する。

**●治具設計を支える存在となる恵比寿氏の入社**

**●リーマンショック**

同社も、リーマンショックによって売上が年間で35％以上落ち込んだ。瞬間的にはその落ち込みは70％にまで達したという。

「この瞬間に、どんなに地道にコツコツやっていても、ぶっ飛ぶときはぶっ飛ぶんだなと実感しました。そうであるならば、それでも笑っていられるだけの強い会社にならなければいけないと腹をくくりました」

もっとも、笠原氏にはするどい嗅覚があった。２００７年にアメリカでサブプライム住宅ローン危機が起こって以降、何かきな臭い匂いを感じて、資金的に苦しくない状態で事前に借入れをしていた。リーマンショックが起こる半年前だった。借りられるだけ借りまくった。

「２００８年の決算結果が5月に出て、その結果を受けて銀行が営業に来たわけですが、その際に先方の申し出通り、借りられるだけ借りたのです。正直、営業してきた銀行の担当者は怪訝そうでしたけど」

しかも、リーマンショックでもサンケイエンジニアリングは赤字には陥らなかった。

「だからと言って、順風満帆だったわけではありません。その後に大きな、全く想定していなかった落とし穴が待ち構えていたのです。その時は、本当におしまいだと思いました」

## 2010年
## ●技術センターの近代化がスタート

この年、大手自動車メーカーの工場長であった下條氏が加わる。それまでは、素人運営だった工場＝技術センターの近代化構築の第一歩を下條氏が担ってくれた。それをきっかけにして、それまで個人商店でバラバラだったバカルテットもまとまり始めた。

また、これにより他社が海外において人海戦術で行っている量産組立を、国内における自動組立・自動検査で百万本オーダーを目指せるようになる。

さらに、量産技術を担うべく、大手機器メーカーで装置設計に携わっていた大塚氏が入社。

## ２０１１年
### ●東日本大震災で中国人社員が帰国

大震災をきっかけに、それまで天塩にかけて育ててきたアジアの人たち、特に中国人の社員が辞めていった。地震自体はまだ大丈夫であったようだが、原発事故には耐えられない人が多かった。

## ２０１２年（２０１３年の決算時）
### ●１００万本のリコール

当時、半導体検査用プローブを月産、10万本～20万本納品していた同社で、リコール事案が起こってしまった。納品した製品の中に十数ミクロンの大きさの異物が混入してしまったのだ。混入率はおよそ千本に数本のレベルだった。ただ、半導体検査用プローブは1万本単位で使うものなので、必ず混入するという計算が成り立つ。最初は「X線検査でほぼ抽出できるからそれで良し」ということで決まりかけたが、「それでは100％ではない」という意見が生まれ、覆ってしまった。確かに、100％は無理だ。リコールして、すべて作り直すことを決めた。

ちなみに混入した異物は正規の工程では使わないものだった。なぜ混入したかというと、外注先がバリを取るために使ったということが後でわかった。つまり、やってはいけないことをしてさらに洗浄が甘かったということだ。しかし、その工程を禁止すれば、二度と同じ事態にならなくて済む。理由がわからないよりも、その点はいい点とも言えた。失敗を次に活かすことができるからだ。

とは言え、そのやり直しで2億円という想定外のコストが掛かった。実は、半導体分野を攻めるための設備投資にすでに2億円ほど使っていたので、合計4億円だ。決算は赤字になった。

最大の誤算は創業以来のメインバンクが、それまで赤字もその銀行に頼まれて購入したアパートの価格がバブル崩壊で下落して起こした一度だけという優良企業であったにもかかわらず、実質、融資を拒んだことだった。正確には、融資の条件が、それを飲めば間違いなく1年以内に会社が潰れる、と思われるものだったのだ。

会社の売却も視野に入れた。すると、M&Aの仲介会社の担当者が、「債務超過ではないので、まだやれることがある。今売れば二束三文で買い叩かれる。だから止めたほうがいい」と言ってくれた。ではコンタクトプローブの事業だけを切り売りしようかとも考えた。そうすれば社員も取引先も困らない。自分が借金を背負えばいいとまで考えた。

それで腹をくくり、半年に渡り資金繰りに奔走した。都銀などにはすべて断られたが、阿波銀行とある政府系金融機関が協調融資を実行してくれた。

その政府系金融機関の担当者は、「この事態は、一時的なものだから何とかなる。ただ、単独では支援できないので、民間の銀行が1行でもついてくれたら協調融資という形で融資できる」と言ってくれた。

阿波銀行の支店に連絡をしてみたところ、すぐに支店長が来て、さらに時を移さず本店から決済責任者の役員が飛んできてくれた。本社と技術センターを視察し、笠原氏からヒヤリングをして、決算書を確認して、やはり「これは一時的なことじゃないですか。多分、融資できると思います」と言って、帰っていった。ほどなくGOサインが出た。

「この経験で少したくましくなりました。正直に言って、これで初めて経営者になれたかもしれないと思います。それまではどちらかと言うと、苦労はしていたけど、それは仕事の苦労。このときはじめて、お金とか信用とか、経営の苦労をして、何とかその危機を乗り越えることができたのです」

この年の決算は赤字だったが、資金繰りの目処がついたことで、将来を見据えた海外進出を推進。東日本大震災の影響で、中国人社員が退社してしまったこともあり、中国進出は見送った。その代わりを探そうと思っていたところに誘いがあり、ベトナムとカンボジアの視察に出かけた。結果、ベトナムは手遅れと感じたが、カンボジアに可能性を感じて本格調査することとした。

## 2013年
## ●山田二三雄理事長との出会い

「私が50歳のときに、日本カンボジア交流協会の山田二三雄理事長にお会いする機会がありました。そのとき、理事長は83歳でした。『理事長から見て、50歳ってどういう年ですか?』とお聞きしたら、『鼻たれ小僧』と言われたのが印象的でした。『50歳から33歳引いたら17歳。君から見たら子どもだろう?』というわけです。『20

歳から50歳までの30年間に君はいっぱい学んで、いっぱい経験して、いろんなことができるようになったんじゃないの？　50過ぎてから、これから30年間同じように努力したら、いろんなことができるよ』と言うのです。目が覚めました。それまでは『もう50歳か』という感じでした。七転八倒しているわけですから、『50歳にもなって何をやってるんだ？』という感じだったときに、理事長がそういうことを言ってくれて目が覚めたのです。そのときの理事長との出会いは、私にとってめちゃめちゃ大きなものでした。山田理事長との出会いがなければ、製造業の119番構想はなかったと思います」

## 2014年

### ●カンボジアに会社設立

＊日本カンボジア交流協会の敷地の中に建物を借りてカンボジア工場を操業開始。

### 指示待ち人間から創造的人間へ

やらなくてはいけないことが新たに見えてくる。そこでこの年から、採用に対する考え方を変える。

今ある仕事をする人ではなく、未来の仕事を作れる人を採用するように方向転換した。

「それまでは、このくらいの仕事は誰にでもできると思っていたのです。うちの仕事という意味ではなく、仕事というものは、普通の人であれば頑張れば誰でもできるようになる、という考えでした。ところがそうではないと気がつきました。できない人にはできないんだと気づいたのです。頭の良しあしとかではありません。意志の問題だと思っています。大事なのは、現状維持でいいと思っている人ではなく、より良い未来を切り開きたい。そんな自分の未来を創る意志を持っている人しか採用しないと決めたのです」

そうなれば、前からいた人との間にギャップが生まれるのが必然だ。後から入ってきた人がリーダー層になる。追い抜かれていく。

「ただ、その差を皆、わかっている。納得しているかどうかまではわからないですが、自分にも居場所があり、すべきことがあるので、まあいいか、仕方ないな、という感じになっている。だから、会社の中は決して悪い雰囲気にはなっていません。ちなみに、私は現状維持を否定しません。ただし現状維持を望みながらすべての欲求を聞くということは難しいですよね。ということは伝えています」

## 2015年
## ●現在の技術営業部の形ができてくる

大神氏、石井氏が入社。

オフェンスチームとディフェンスチームが結成されていく。

「石井が2019年から前沢を引き継いで技術営業部のリーダーです。大神が彼をサポートしています。それ以前に採用している恵比寿（2008）、渡辺（2007）も石井のサポートに入っています。この二人は経験が豊富なので、石井にしてみると、この存在は重要です。この二人が石井と大神をしっかりサポートするという図式ができている。石井が一番年下ですが、年齢は関係ありません。実際、給料も肩書も違いますが、周りに、そこに対するやっかみはないと思います。皆、その役割は大変だろうなと思っている。だから逆にそこをやってくれるのはありがたいくらいに思っているんじゃないでしょうか」

軋轢も生まれずに、役割の違いと捉えられている。適材適所でチームが機能する、それで皆、居心地がいい。そこに下手なライバル意識はない。だから、そのことで不満を言う人はいない……。

チームとしての目標はあるが、個人のノルマがないのが大きいのかもしれない。この場合の目標は、課されるものではなく、あくまでも目指すべきものだ。ただし、その業績を達成しないと、賞与の額は変わっていく。

さらに、この年には将来を見据えてカンボジアに９０００平米の工場用地を取得する。

## ●トライアルで検査装置の販売を開始

自社の自動組立・検査装置のノウハウを使い、装置の販売を開始

## ２０１６年

## ●バカ者採用の開始

再掲すれば、「バカ者」の定義は、

1. 常識や価値観に囚われない
2. ほかは全部0点でも、何か一つ、２００点、３００点のものがある
3. これぞと思ったことに、ひたすら没頭できる
4. ことを成し遂げるまでへこたれない

皆が当たり前だと思うようなことでも疑ってかかる。「もうそれくらいでいいんじゃ

ないか?」と言われても、自分が納得するまでひたすら続ける。そんな人間を「バカ者」と言う。

母集団を形成しているほとんどの人を不合格とするこれまでの採用手法に疑問を持ち、新たな採用手法を模索し始める。まずは求める人物像を明確にして可能な限り応募者との対話ができるような採用手法を導入し、「バカ者採用」と名付ける。

## ●山下氏が新しい工場長になる

**戦略的工場運営の開始。**

下條氏が築いた工場運営の基礎に山下氏が手を加え、利益を生み出す工場を創り始める。生産性の向上、自動化、育成、現場のサポート体制の構築を行う。

## 2018年

### ●TMSの導入

正しい組織を創造するために、トヨタマネジメントシステムの導入を図る。

「TMSは人に対する哲学。試行錯誤ですが、TMSの導入を始めて、組織が劇的に変わってきていると思います。基本はしっかり自分の頭で考えることだと思います。ここまで残ってくれた人たちは、それができる人だと思えたので導入を決めました。採用も、そういう人を採るように変えてきています。個人主義とは違います。組織として何をすべきかを考える。そのうえで自分が主体となって何をするかを考えるチームを重視する。指示待ちではなく、変えるべきことは率先して自分たちで変える。他人ではなく、まず自分が変わる。おかしいと思うことはちゃんと口に出して話し合う。その上で改善するにはどうしたらいいかを一緒に考える。そんな組織にしたいのです」

## 2019年

### ●新技術センター構想（山梨）が始動

製造業の119番を目指して、新たな働き方、会社の在り方を創る、新技術センター設立に動き始める。

### ●新評価システムの構築

社員一人ひとりが日々の時間と仕事を未来につなげることができるように、目的と目標を設け、目標に向かうことによって得た人の成長と仕事の結果を収入に反映する、そんな評価システムの構築を始める。

「2007年くらいから、直接社員に話をする、会社の考えを言うという機会を持つようにしました。具体的には年に4回の社員総会です。同時に、個人の給料以外の会社の数字はフルオープンにしました。10年経って、やっと意見が出てくるようになりました。後輩が先輩に質問する。『なぜですか?』と問う。そうなれば、必然的に先輩も変わらざるを得ない。

そしてついに2019年の社員総会で、社員が自分たちでこうなりたいという姿を投げかけ合い、会社に対して提案するようになったのです」

ちなみに、それは「電気の総合病院構想」。会社のビジョンとしてあった「電気測定→製造業の119番→中小企業の119番」。いつまでもコンタクトプローブ屋では物足りない。自分たちの技術を生かして、もっと何かやりたい。だから、あるべき姿をイメージして、そうなるために何は足りていて、何が足りないのかをプロジェクトチームを立ち上げ、考え始めた。

# おわりに

いかがだっただろうか。

「加工界のアマゾン」「バカもの採用とバカルテット」「製造業の駆け込み寺」「門外漢がプロになる」「目指すは中小企業の119番」……一見すると脈絡がなく、一つひとつは常識はずれに見える。しかし、本書を読了された読者にはこれらの要素が実はしっかりとつながりあっていることが理解できるだろう。

サンケイエンジニアリングは生命体だ。一見不要に見えるパーツも、実は全体が成り立つために大切な役割を果たしている。全体を俯瞰して初めて部分を理解できる。そんな会社だ。

しかも、この生命体は異質なものを取り込んでどんどん進化している。

一見最先端のファブレスの重要パーツをあえて内製に切り替えることで、一段品質のレベルが上がった。TMSを取り入れることで、直観と徹夜による問題解決が科学になろうとしている。などなど、サンケイエンジニアリングは質的にも量的にも変化し続けている。特に異質な人材を取り込むことによる進化は同社のお家芸とも言える。最も典型的な例は前沢氏の入社だろうか。

「私は社長が10年後を語れなかったからこの会社に来たのです。『だったらこの会社でやることがいっぱいあるじゃん』と思ったのです。私は組織づくりがやりたかったので、この会社はうってつけでした」（前沢氏）

こんなことを考えて転職してくる人が他にいるだろうか。

会社と自分を対等な関係に置き、自らの会社への貢献を明確に意識する。今でこそよく言われることだが、その当時ではとても特異だったろう。いや、今でも理想ではあるものの、実践できている人がどれほどいるかと言われれば心もとない。

しかも、明確な問題意識を持って入社した前沢氏は、自分の志以外の貢献もすることになる。人間の可能性は無限である証左だ。

異質で有為な人が入ることにより、会社が進化する。この会社の面白さはここにあるのだろう。

多くの会社のように人を型にはめるのではなく、人の形と大きさに合わせて会社が形を変えるのだ。

今、この本を手にしておられるあなたがこの会社に入っても、そのことによって、必ず会社は変化する。あなた自身が会社を変え、未来のサンケイエンジニアリングを形作る立役者になるのだ。

これに面白みを感じられるなら、あなたはサンケイエンジニアリングにうってつけの人材と言える。

逆に型にはまって、人から指示された通りに仕事をしたい人には少々居心地が悪い会社かもしれない。もっとも、そのような人でも「自分の頭で考える」のが当たり前の環境の中では、指示待ち人間では終わらないとも思うが。

笠原社長は入社面接の時に前沢氏から、「社長が10年後を考えないでどうするんですか」

と詰め寄られ、10年後を考えることの重要性とこれを共に担ってくれる人材の必要性を悟った。これが今では全社に広がり、社員自らが新たな将来像、中小企業の119番を発想するまでに至った。

次はあなたの番だ。

あなたがサンケイエンジニアリングに新たな発想を持ち込み、この会社をさらに前に推し進めていってほしい。

野田　稔

【著者プロフィール】
**野田　稔**（のだ　みのる）
1981年一橋大学商学部卒業　株式会社野村総合研究所入社。1987年一橋大学大学院修士課程修了。野村総合研究所復帰後、経営戦略コンサルティング室長、経営コンサルティング一部部長を経て2001年3月退社。多摩大学経営情報学部教授、株式会社リクルート　新規事業担当フェローを経て、2008年4月より現職。リクルートワークス研究所　特任研究顧問を兼任。著書：『組織論再入門』（ダイヤモンド社）、『中堅崩壊』（ダイヤモンド社）、『二流を超一流に変える「心」の燃やし方』（フォレスト出版）、『野田稔のリーダーになるための教科書』（宝島社）、『あたたかい組織感情』（ソフトバンククリエイティブ）など多数。

「馬鹿者達《こいつら》と、最高の景色を見たいんだ。」
嘘偽りのない企業のリアル

2020年3月10日　初版第1刷発行

著　　者／野田　稔
発 行 者／赤井　仁
発 行 所／ゴマブックス株式会社
〒107－0062
東京都港区南青山6丁目6番22号
印刷・製本／みつわ印刷株式会社
編 集 協 力／赤城　稔（株式会社エフ）
スマートソーシャル株式会社


ISBN978-4-8149-2206-2